日本産
カニムシ
写真集

解説凡例 ❶体長（mm）
❷色調
❸生息場所
❹分布
❺その他、体長や体色は
写真と異なることも多い。

※数字は科ごとにふってある。

1. ツチカニムシ科 Chthoniidae

1-A カブトツチカニムシの1種
Mundochthonius sp.

❶1mm 程度　❷やや薄い褐色　❸森林土壌　❹北海道から九州　❺この仲間は変異が認められ、数種が混じっている可能性がある。左は背面・右は雄の腹面。

標本提供：吉郷英範氏

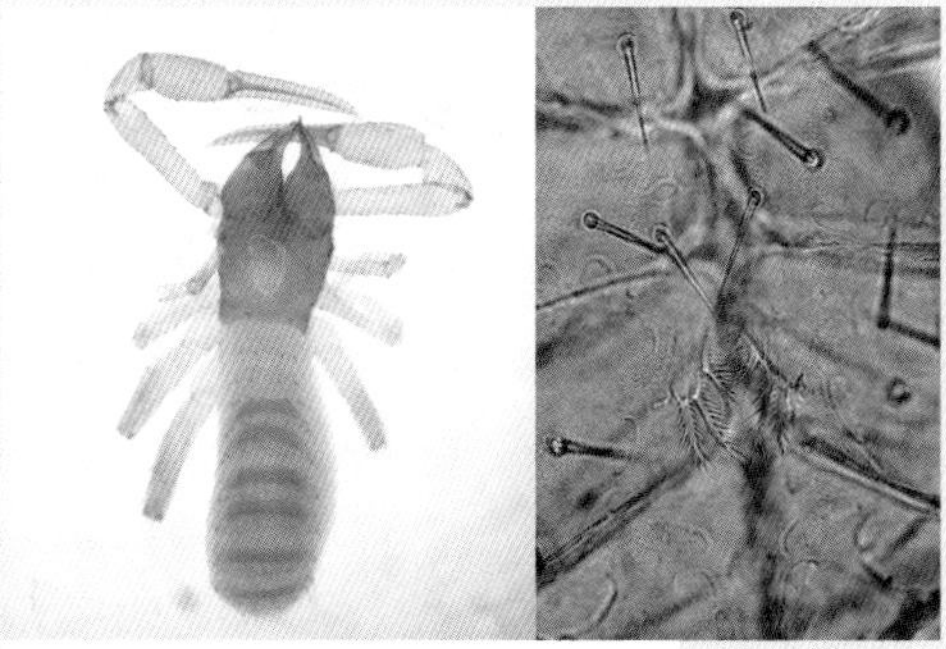

1-B タカシマトゲツチカニムシの1種
Tyrannochthonius sp.

❶1.2mm　❷黄褐色　❸潮間帯の砂礫地　❹広島県　❺満潮時に海水に浸る石の下に棲息。右は第2歩脚の基節棘。

1-C チハヤトゲツチカニムシ
Tyrannochthonius chihayanus

❶1.5mm 程度　❷黄褐色、触肢鋏掌部が黒くならない　❸森林土壌　❹神奈川、静岡県　❺照葉樹林に棲息。

標本提供：青木淳一氏

1-D　ムネトゲツチカニムシ
Tyrannochthonius japonicus

❶1.5mm程度　❷黄褐色、触肢鋏掌部が黒っぽい　❸森林土壌　❹東北中部から奄美諸島　❺照葉樹林を中心に暖かい地方に分布。都市部の森林でもよく採集される。

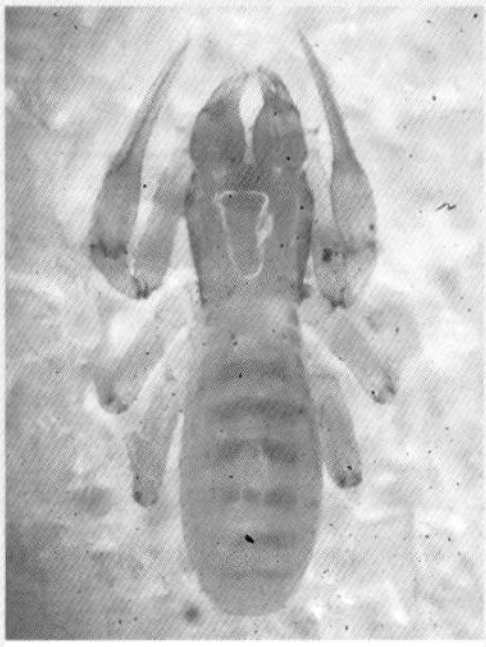

1-E　オガサワラトゲツチカニムシ
Tyrannochthonius similidentatus

❶1〜1.3mm　❷黄褐色　❸森林土壌　❹小笠原諸島母島　❺小笠原固有種。

1-F　ホソテツチカニムシ
Lagynochthonius nagaminei

❶1.2〜1.3mm程度　❷黄褐色　❸森林土壌　❹宮崎県、鹿児島県　❺触肢固定指の掌部が細長くなる、南方系で南西諸島には同属種がみられる。

2. オウギツチカニムシ科 Pseudotyrannochthoniidae

2-A　オウギツチカニムシ
Allochthonius opticus

❶1.0〜1.3mm　❷黒褐色　❸森林土壌　❹本州、四国、九州　❺鋏の鋸歯は全体に生える。この仲間は変異があり、数種に分けられる可能性がある。右は蝕肢ハサミ。

2-B　キタツチカニムシ
Allochthonius borealis

❶2mm程度　❷黒っぽい灰色　❸森林土壌　❹東北中部以北、北海道　❺体長、体毛の長さ、鋏の鋸歯が全体に生えないなどによってオウギツチカニムシと区別される。

標本提供：西川喜朗氏

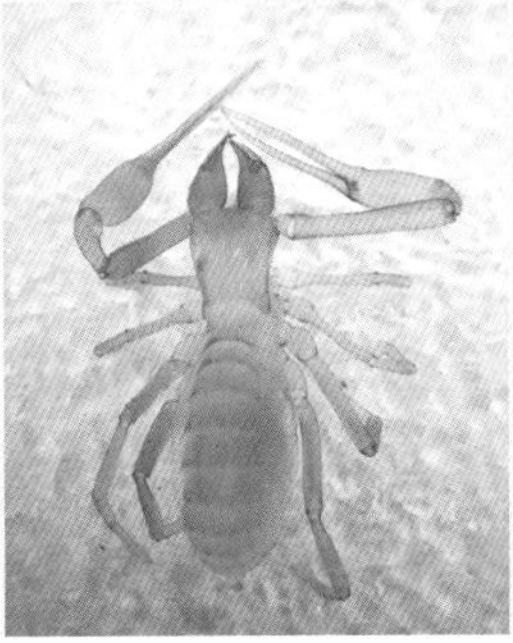

2-C ズズカメナシツチカニムシ(新称)
Pseudotyrannochthonius kobayashii

❶1.7mm 程度　❷黄褐色　❸洞窟　❹近畿地方　❺歩脚が長く全体的に色がやや薄い。低温高湿の環境に棲息。

3. ケブカツチカニムシ科 Tridenchthoniidae

標本提供：中島秀雄氏

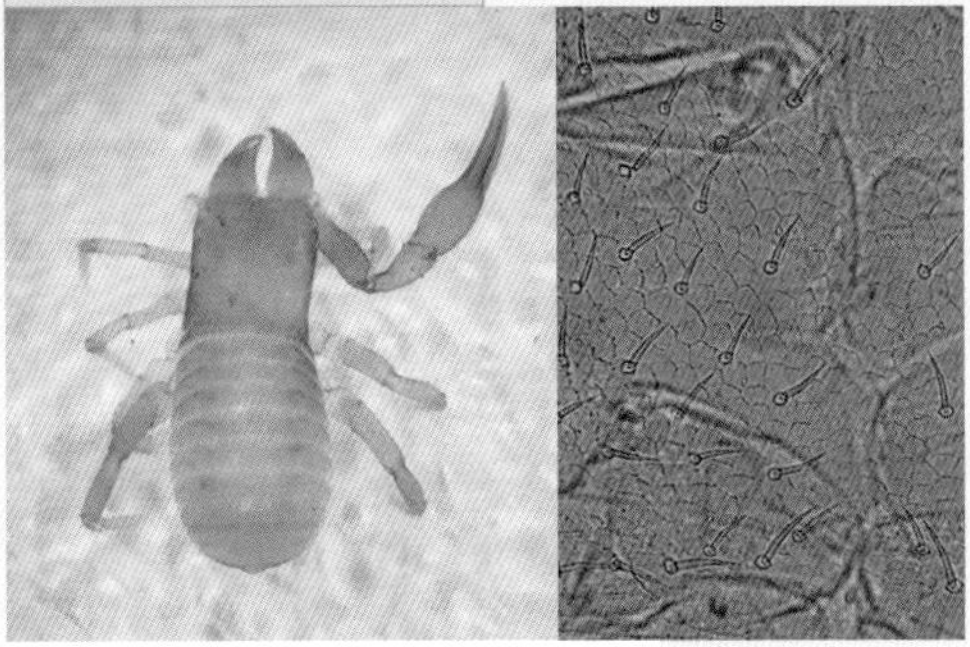

3-A ケブカツチカニムシ
Ditha ogasawaraensis

❶1.0～1.2mm　❷茶褐色　❸樹皮下　❹小笠原諸島母島　❺頭胸部に多数の剛毛が見られる。また腹部背板には2列の剛毛。インドゴムノキの樹皮下に棲息、近似種の *D.marcusensis* が南鳥島から得られている。右は頭胸甲の剛毛。

4. コケカニムシ科 Neobisiidae

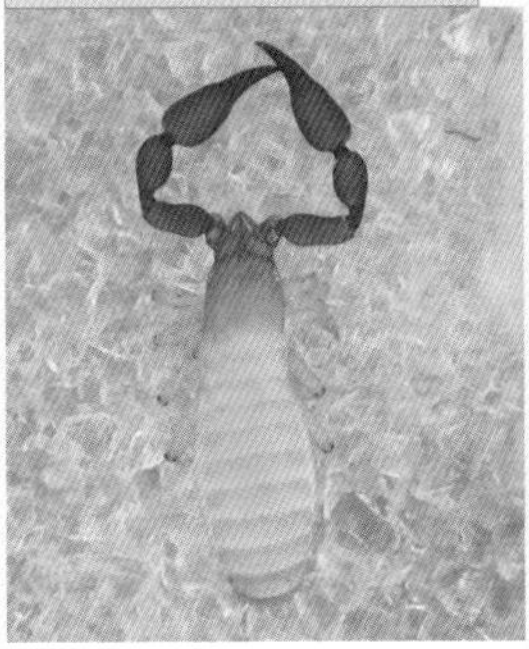

4-A チビコケカニムシ
Microbisium pygmaeum

❶1～1.2mm　❷黄褐色　❸森林土壌　❹北海道から九州　❺成虫触肢動指の感覚毛が3本であり幼形成熟といえる。雄が極端に少なく単為生殖と思われる。都会の公園などにも生息する。

4-B オウコケカニムシ
Parobisium mugnum

❶5～7mm　❷茶褐色から黒褐色　❸森林土壌　❹本州中部から九州　❺学名からオオコケではないかとよく問われるが王様の意味で命名された。紡績腺の形態が雌雄で異なる。山地の森林土壌に多い。右は雌の鋏顎動指先端の紡績腺。

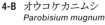

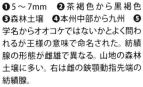

4-C アナガミコケカニムシ
Parobisium anagamidensis

❶6.0~7.0mm　❷黒褐色、赤褐色　❸森林土壌　❹本州中部から中国四国地方　❺ブナ帯から亜高山帯まで分布、生息密度は低い。生態の詳細は不明。

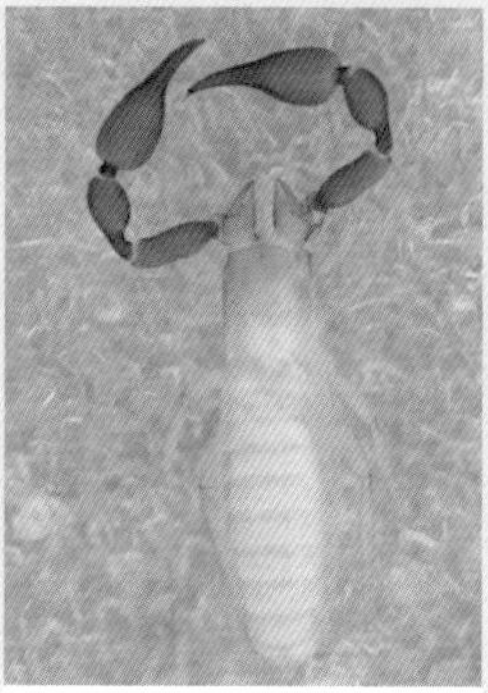

4-D キイロコケカニムシ
Parobisium flexifemoratus

❶2mm 程度　❷茶褐色　❸森林土壌　❹九州南部　❺宮崎、熊本、鹿児島県から確認されている。鋏顎紡績腺は、コブ状になる。

4-E ミツマタカギカニムシ
Bisetocreagris japonica

❶3.0~5.0mm　❷ 黒褐色　❸森林土壌　❹青森県から鹿児島県　❺よく発達した森林に普通に棲息。紡績腺の形態に変異があり、数種類存在する可能性がある。

標本提供：吉郷英範氏

4-F フトウデカギカニムシ
Bisetocreagris macropalpus

❶3～4mm　❷茶褐色　❸森林土壌　❹本州　❺チビカギカニムシに近いが紡績腺が中央より根元近くから4本に分岐。山地から亜高山帯の森林土壌に多い。数種に分かれる可能性あり。

4-G チビカギカニムシ
Bisetocreagris pygmaea

❶3mm 程度　❷茶褐色　❸森林土壌　❹本州　❺紡績腺が中央より先端部で4分岐する。フトウデカギカニムシより若干小さい。変異があり数種に分かれる可能性あり。

4-H エゾカギカニムシ
Bisetocreagris ezoensis

❶2mm 程度　❷褐色　❸森林土壌　❹北海道中部　❺山地に分布。生態は不明。

標本提供：山内智氏

4-I ウミカニムシ
Halobisium orientale

❶4mm 程度　❷黒色（アルコール内では写真のように色が抜ける）　❸海岸潮間帯の石下　❹北海道、東北北部　❺満潮時水没する石の下に棲息する。体毛が多く空気をためると考えられる。右下は紡績腺。

5. ツノカニムシ科 Syarinidae

5-A アカツノカニムシ
Pararoncus japonicus

❶3～5mm　❷黄褐色から赤褐色　❸森林土壌　❹本州から九州　❺本種は低地では冬季にのみ出現する。第1若虫が滅多に見つからない。変異があり数種が混在する可能性がある。

6. イソカニムシ科 Garypidae

6-A イソカニムシ
Garypus japonicus

❶4～5mm　❷黒褐色　❸海岸の岩の隙間　❹本州から沖縄　❺海岸性。触肢が弓なりで長大。

7. サバクカニムシ科 Olpiidae

7-A コイソカニムシ
Nipponogarypus enoshimaensis

❶2mm～2.5mm 程度　❷黒色または黒褐色、体表黒光り　❸海崖の岩の隙間　❹本州から沖縄　❺イソカニムシと1字違いだが科は異なる。イソカニムシと生息場所がほぼ同じ。

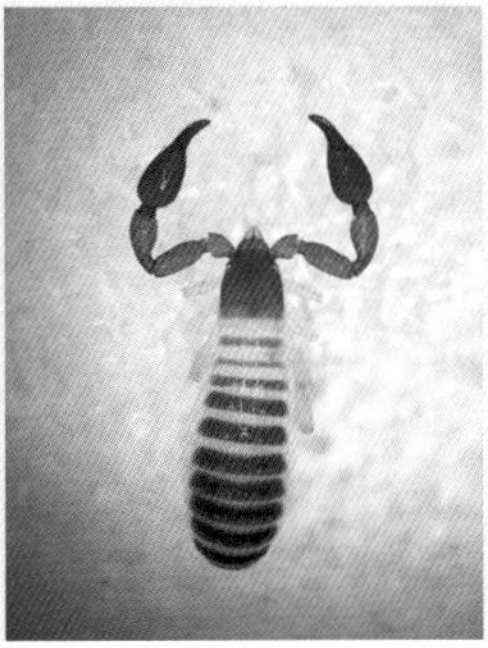

7-B クロカニムシの1種
Xeolpium sp.

❶2mm 程度　❷黒褐色　❸樹皮下　❹本州から沖縄　❺近似種の *X. oceanicum* が沖縄から採集されている。樹皮下からまれに採集される。外見上はコイソカニムシに似るがやや細長い。

8. ダルマカニムシ科（新称）
Geogarypidae

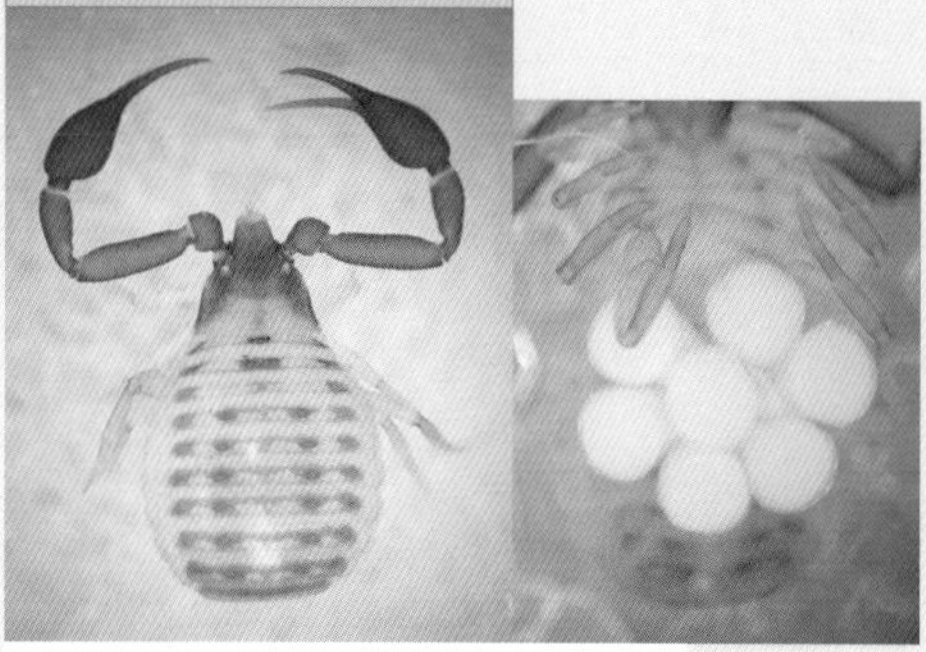

8-A ダルマカニムシ（新称）の1種
Geogarypus sp.

❶2～3mm 程度　❷褐色　❸森林樹皮下、土壌中、樹木に蓄積した落葉中　❹沖縄、小笠原諸島父島と母島　❺イソカニムシに似るが科が異なる。背中の模様が特徴。右は卵。

9. ハラナガカニムシ科
Garypinidae

9-A ハラナガカニムシの1種
Solinus sp.

❶2～3mm　❷黒褐色、光沢あり　❸マツ樹皮下　❹本州から沖縄　❺本種の仲間は数種存在する。歩脚跗節先端にある吸盤上の褥板が2分するので他のカニムシと区別が容易である。動きが素早い。

10. ウデカニムシ科
Cheiridiidae

標本提供：篠原圭三郎氏

10-A コウデカニムシ
Cheilidium minor

❶1mm 程度　❷黄褐色　❸家の中、荷物　❹本州、四国　❺生態はよくわかっていない。掲載した写真は餅に入った豆の隙間から出てきたもの。

10-B オオウデカニムシ
Apocheiridium pinium

❶1.1mm　❷黄褐色　❸スギ、マツ、ヒノキなどの樹皮下　❹本州から九州　❺動きはゆっくり。上は巣内に残された卵。

11. メナシカニムシ科
Atemnidae

11-A メナシカニムシの1種
Atemnus sp.

❶4～5mm 程度　❷黒褐色、体表は艶がある　❸樹皮下　❹関東地方　❺よく動き回る。樹皮の下に巣を作って脱皮や抱卵を行う。

12. カニムシ科 Cheliferidae

標本提供：湊宏氏

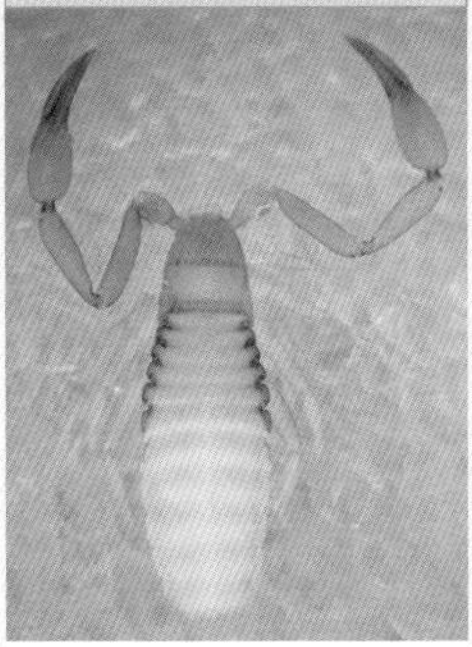

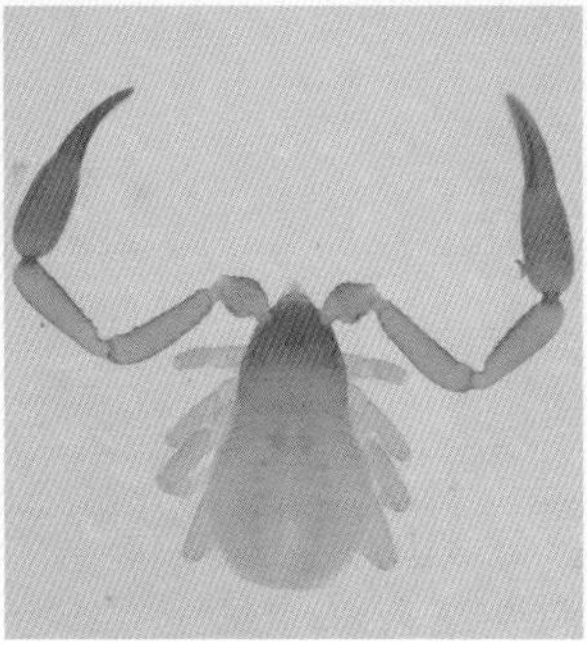

12-A イエカニムシ
Chelifer cancroides

❶2.4mm　❷黄褐色　❸樹皮下、ミツバチの巣、本の間　❹北海道、本州　❺汎世界的に分布するカニムシ。

12-B カシマイボテカニムシ
Kashimachelifer cinnamomeus

❶2.5mm　❷黄褐色　❸朽木の樹皮下　❹紀伊半島　❺生態の詳細は不明。

12-C コナカニムシ
Lophochernes bicarinatus

❶2mm　❷黄褐色　❸樹皮下　❹本州から九州　❺樹皮下から発見されるが、生態の詳細は不明。

12-D ノコギリヤドリカニムシ
Dactyrochelifer shinkaii

❶2.5mm程度　❷黒褐色　❸樹皮下　❹関東地方　❺雄の第1脚爪の先端がふくらんでノコギリ状である（写真上）。左が雄で右が雌。

13. ヤドリカニムシ科 Chernetidae

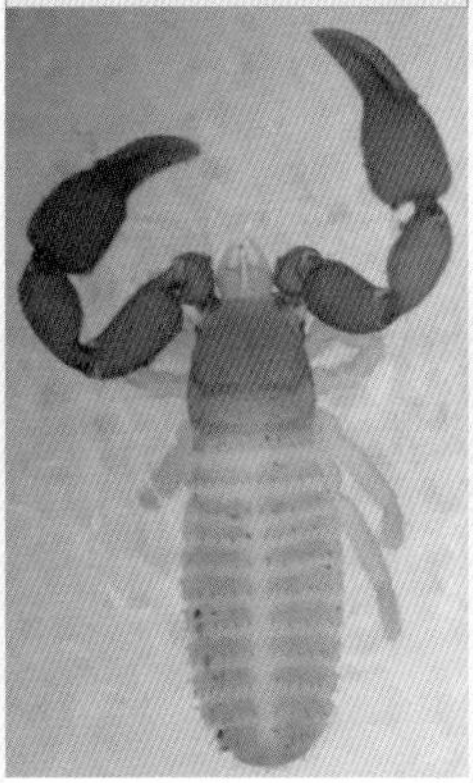

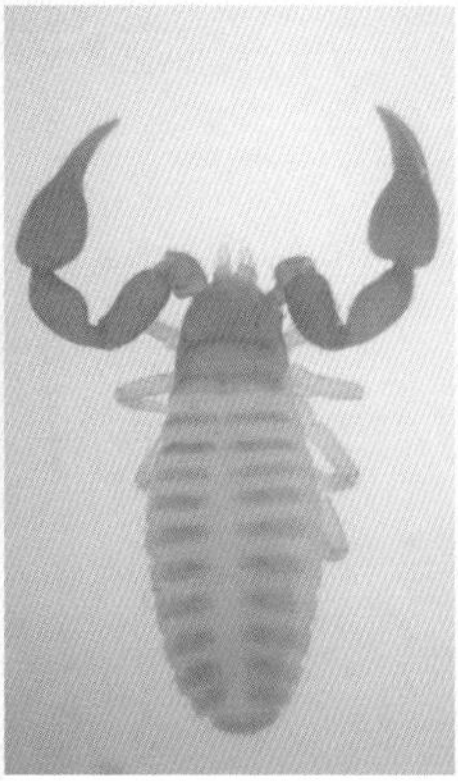

13-A モリヤドリカニムシ
Allochernes japonicus

❶1.8mm　❷黄褐色　❸朽木の樹皮下　❹本州　❺ブナの倒木などに棲息。生態の詳細は不明。

13-B イチョウヤドリカニムシ
Allochernes gingoanus

❶1.8mm　❷黄褐色　❸樹皮下　❹本州　❺イチョウの樹皮下から発見されたためこの名がついた。背板の中央部が開いた感じになっているのが特徴。

13-C トゲヤドリカニムシ
Haplochernes boncicus

❶2.5～3mm　❷黒褐色　❸樹皮下、他の動物の体　❹本州から沖縄　❺特にスギ樹皮下に多い。

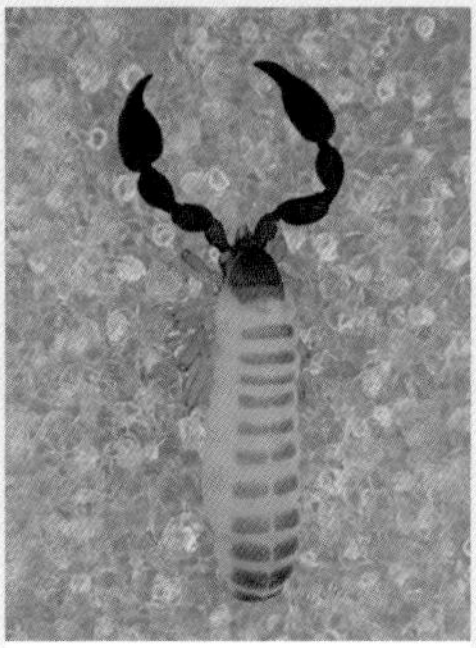

13-D ボニンヤドリカニムシ
Haplochernes boninensis

❶2.4mm　❷茶褐色　❸森林土壌、朽木の間　❹小笠原諸島　❺トゲヤドリカニムシに似る。

13-E オオヤドリカニムシ
Megachernes ryugadensis

❶3～5mm　❷黒褐色から褐色　❸土壌中、マルハナバチやモグラなどの巣や体表、洞窟のグアノ堆積物　❹北海道から九州　❺時には家の中などからも採集される。他の動物の巣などの暖かい場所に棲息するためか繁殖期は春から秋にかけて長い。

13-F ツヤカニムシ
Hesperochrnes shinjoensis

❶2～2.2mm　❷黒褐色　❸樹皮下、土壌　❹本州、四国　❺樹皮下に多いが、納屋のゴミ、落ち葉の中などからも採集されている。

写真撮影：中島英雄氏

13-G テナガカニムシ
Metagoniochernes tomiyamai

❶5～6mm　❷黒褐色　❸タコノキなどの葉鞘の間　❹小笠原諸島　❺本種はカニムシ類で唯一、絶滅危惧種に指定されている。左雌、右雄。

カニムシ

森・海岸・本棚にひそむ未知の虫

佐藤英文
Hidebumi Sato

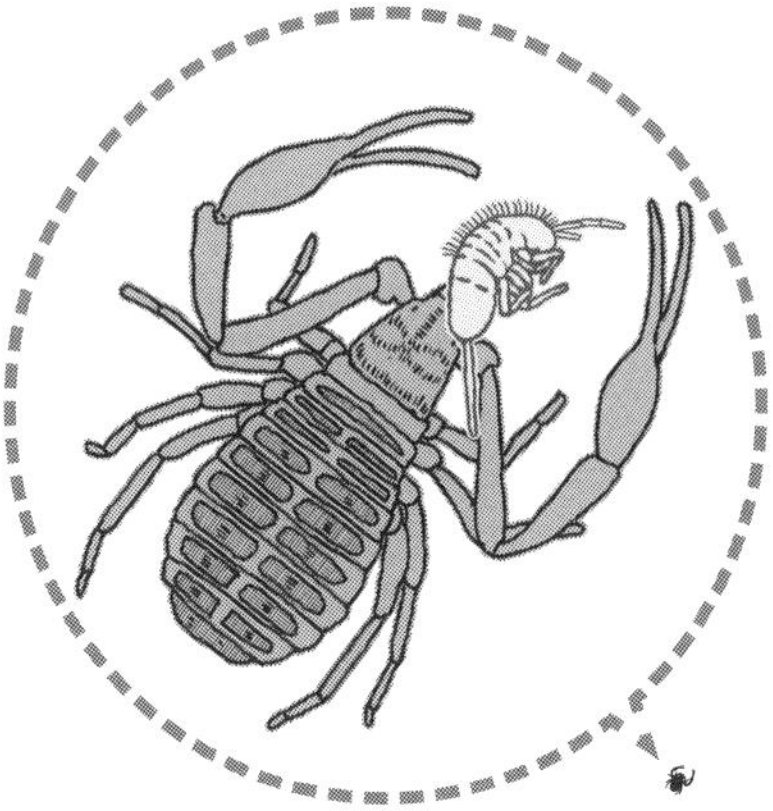

築地書館

はじめに

「私の趣味はカニムシです」

　自己紹介のときにちょっと触れてみる。相手はたいがい怪訝な表情になる。そりゃ一体なんだ、という顔つきだ。そしてお決まりのように、「カニみたいなムシなんですか?」と聞いてくる。少しだけ説明すると次にはきっと、どうしてそんな虫を調べているのか、とカニムシにではなく私の珍奇な趣味に関心が移ってしまう。これに対する答えは簡単で、おもしろいから、としか言いようがない。科学的真理の追究とか人類の平和と幸福に貢献するため、などという高尚な気持ちもないわけではないが。とにかく調べていると楽しくて時間を忘れる。ただそれだけだ。

　まれにではあるが、カニムシそのものに強い関心を向けてくれる人がいる。そんな機会は滅多にないから、私もうれしくなって語る。至福のひと時だ。相手も、餌は?　形は?　色は?　益虫それとも害虫?……とたたみかけてくる。時には、思わぬヒントをいただいて視野が広がることもある。

　しかし、このように順調に話が進むことは滅多にない。知らないものを想像するのはむずかしいらしい。時には苦笑するようなことだってある。

「ああ、触ると臭いやつね、屁っこき虫っていうやつ」

「いや、あれはカメムシです、カ・メ|・ム・シ。私のは、カ・ニ|・ム・シ」

そりゃあ字面はよく似ているけれど、分類学的にはトンボとゴキブリの差などよりもはるかに大きい。「興味深いテーマを選びましたね」などと共感されることもきわめてまれにはある。これは生き物に詳しい方であって、おそらくフィールドワーク体験をかなり積んでおられるに違いない。なにしろ、カニムシを正確にイメージできる人は珍しいのだから。生物の先生たちですら、実物をご存じの方は少ない。それくらいなじみのない動物だ。

ところが時代が平成に移ったあたりから、カニムシも少しずつ知られるようになってきた。カリキュラム改訂によって、中学理科や高校生物の教科書で土の中の生態系が取り上げられるようになったことが関係しているかもしれない。土壌動物の一員としてカニムシが紹介され始めたのだ。体つきや動きがおもしろいから、初心者の興味を引くにはもってこいの教材といえる。それに、近頃では図鑑の片隅に紹介される機会も増えてきている。加えて、環境調査などの項目にカニムシが取り上げられるようにもなってきた。研究を始めたころからみると、ずいぶん様変わりしている。

さらに、インターネットが普及して、情報が飛び交うようになり、こんなおもしろいものを見つけた、と写真を公開する人も増えてきた。最近ではムシガールと呼ばれる女性も多くなっているらしい。まだカニムシ採集に熱中する女性は少ないようだが、カニムシグッズを作る方なども現れている。今後さらに、自然好きの人たちに広まる予感がある。

とはいうものの、カニムシは環境変化に敏感で、限られた条件のもとでごく少数しか生息しない種類も多い。環境が荒廃すると、真っ先に消滅するのがカニムシのような生き物たちなのだ。だから好奇心は歓迎するものの、採りすぎるような行為は控えていただきたいと願っている。

カニムシについての研究はあまり進んでおらず、わかっていない部分が多い。分類すらまだまだ不十分である。寿命はどれくらいか、といった基本的なことですら完璧に調べた人はほとんどいない。生態や行動などについても未知の部分が多い。ましてや、遺伝子などを利用しての研究はまだ始まったばかりである。

ひと通りの分類生態を調べてから普及書を書きたい、と以前から考えてはいた。もう少し研究が進んだら、と思いながら気がついてみれば四十有余年が過ぎてしまった。納得できる境地には、ほど遠い道のりである。体力と知力の限界を迎える前に、カニムシの世界を皆さんに紹介しておくことも必要かもしれない。それが本稿を立ち上げた理由である。

本書はカニムシの基礎的な解説や私が歩んできた試行錯誤の道のりを述べたものであって、専門的な研究者を対象としたものではない。できるだけ平易に説明したつもりである。それでも分類や生態などに関しては、若干専門的になることをご容赦いただきたい。なによりも、カニムシという興味深い小動物の世界があることを知っていただければ幸いである。この本をきっかけに、カニムシに限らず小さな生き物の世界に関心を持っていただければうれしい。そして、やや古めかしい表現だが、博物学の楽しさを感じていただけたらと願っている。なぜなら、博物学こそが科学の原点であり、日本の科学の発展の礎になると私は信じているからである。

カニムシ　目次

第三章 カニムシの生態

第四章　カニムシの採集と飼育　184

第一章　カニムシ学ことはじめ

話を進めるにあたって、私は虫ではなくムシと表現する。小さな生き物（動物）という意味で使用したい。ムシを昆虫と定義してしまうと、これから登場するカニムシはムシではなくなってしまう。日本では、さまざまな生き物をムシと呼ぶ習慣がある。昆虫は言うに及ばず、カタツムリだってデンデンムシと呼ぶ。他にも、ダンゴムシ、ザトウムシ、サナダムシなどけっこうたくさんある。そんな理由から、ここでは動き回る小さい生き物たちをまとめてムシ、と表現することを了解していただきたい。

この本は、カニムシを含めたムシ全般に関心を持っているであろう人たちを意識して書いた。ムシ大好きの小中学生かもしれない。ムシを研究対象と考えている大学生かもしれない。あるいは、仕事の合間の利用や定年後の楽しみとして関心をよせる大人も含まれることだろう。このように、初心者から専門的な知識をお持ちの方まで幅広い層を想定して書いたものである。

①身近で遠い存在

地球は生き物で満ちあふれている。動物に関していえば、クジラのような巨大なものから、電子顕微鏡でなければ見えない微小なものまで、実に多様である。その種数は少なく見積もって数百万種、多く見積もる例では一億種を下らないという学者もいるという（岡西二〇二〇）。しかも極地から熱帯まで、あるいは深海から高山まで、さらには地表面から岩盤の奥深くまで生物は広範囲に生息している。

それらの中にはパンダのように誰もが知っていて、万人から好かれている動物がいる。一方でゴキブリのように誰もが知っていて、みんなに嫌われる動物もいる。トンボ・カマキリ・アメンボ・ホタルなどとなると、好き嫌いはあるけれどもぐっと身近な存在で、まあ知らない人はいないだろう。

女子学生に聞いてみた

私がこれから紹介するカニムシは、ほとんどの人たちが聞いたことも見たこともない生物だ。実は、ほとんど知られていない生き物は他にもけっこう多い。私がかかわっている土の中の小動物（土壌動物と呼ばれる）について、女子大学生たちにアンケートをとってみたところ、大雑把に三つのグループに分けることができた。

第一が、アリ・カタツムリ・カブトムシ・ナメクジのように誰もが知っていて、実際に見たり触ったりしたことがある仲間。かかわるのは主に幼少のころで、やたらに殺して楽しかったとか、実験と称して塩をふりかけたり切り刻んだりしたエピソードもけっこう多かった（佐藤二〇一四）。

第二がシロアリ・サソリ・ダニ・ムカデ・クマムシのように、名前を知ってはいるがその実態についてはほとんどわからないという仲間。多くは殺虫剤のコマーシャルなどでおなじみの、嫌われ者が多い。それらの多くが偏見に由来すると私は感じている。その差別と偏見はなかなか払しょくできそうにない。

そして第三が、名前はおろか実物もほとんど知られていない仲間である。カマアシムシ・エダヒゲムシ・サワダムシなど、その数はけっこう多い。悔しいけれど我がカニムシ君も、このカテゴリーに属する。もっとも、だからこそ競争相手もなく静かに研究できたという側面もあるけれど。

世の中のカニムシ認知度

ほとんど知られていないと書いたが、具体的に世間一般の認知度はどれくらいだろうか。職業柄、学生に聞くという手っ取り早い方法がある。といっても私の場合、対象は女子高校生や大学生がほとんどである。しかも、生物学をめざす人たちはまずいない。少し強引な解釈だが、一般市民の代表、と言ってもいいだろう。

もう三十年近く前（一九九〇年ごろ）になるが、授業を受け持つ女子高校生およそ二〇〇名（五クラス）に聞いてみた。すると、一名だけが知っていると答えてくれた。わずか一％未満ではあったが、うれしくなった。しかも、実際に見たことがあるという。聞けば、中学生のときに土の中の生き物調べをする時間があり、そこで見たというのだ。なるほど授業で扱った先生がいたらしい。まだ教科書に登場する以前の話で、とてもうれしかった。

次に、最近の女子大学生たち一〇〇名に聞いてみた（二〇一七年実施）。すると、驚いたことに二名ほどが知っていると回答してくれた。そのうちの一人は、高校の生物の実験観察で見たという。これは授業で土壌動物が取り上げられるようになった成果だろう。もう一人は、どうやらカメムシと勘違いしたらしい。そんなわけで、特別に生物学を専攻していない学生では、だいたい一〇〇人に一人程度という認知度であった。多分、男子はもう少し高い値かもしれない。これまであちこちで同じ質問をしてみたが、一般の方たちも女子学生たちとほとんど差はない、という印象である。

実は身近な存在

カニムシはあんがい身近なところにいますよ、と言うと多くの人はびっくりする。たとえば、ハイキングに出かけてふと腰を下ろした柔らかな落ち葉の下に隠れているかもしれない。都心部にある明治神宮や皇居の森にだって、落ち葉の下にひっそりと生きている（坂寄二〇〇〇、佐藤二〇一一b、二〇一六）。近所の神社やお寺の社寺林にも生息している。あなたが手を合わせるご神木の陰にひっそりと隠れていることだってある。最近は滅多に見られなくなったが、古民家の土蔵などに放置された書物や荷物の間から見つかる可能性すらあるのだ。しまい込んであった荷物や保存食品の間から這い出して驚かせることもある。

ではそれほど身近なところに見られる生物なのに、なぜなじみがないのか。それはなんといっても、隙間に隠れて生活する、という習性による。チョウやトンボやバッタのように明るいところをヒラヒラ・ブンブン・ピョンピョンすることは決してない。無理に明るい場所にさらすと、あたふたと光の当たらない狭い場所に潜り込んでしまう。このような習性から、カニムシ類は本気で探さないとなかなか見つけられない。それに、大きくない。最大でも数㎜ほどしかなく、一㎜以下のものもけっこう多い。色も地味で、褐色か薄茶色のものばかりでカラフルな昆虫たちとは対照的だ。

このように人目に触れずひそかに生活するカニムシだが、裏腹にその形や動きは実に魅力的だ、と少なくとも私は思う。悠然と歩く姿は貴公子然としていて、気品すら感じる。ハサミを広げてゆったりと歩く様子はミニ戦車のようだ。ところが敵に遭遇すると、忍者のような機敏さで瞬間移動する。しかも相手の方を向いたままで、驚くほどの速さでササッと後退するのだ。アトビサリという別名を、持つゆえんである。

理科室で一番人気

漢字では擬蠍《ギカツ》と書くので、文字の印象から恐ろしげな姿かたちをイメージされることもある。しかし多くの人は、予想に反して独特な形とユーモラスな行動に引きつけられるようだ。うれしいことに、初めて見た人たちが発する第一声は「かわいい」「おもしろい」「かっこいい」といった肯定的なものが多い。ムシと聞いただけで嫌悪する全否定タイプの人たちを除けば、好意的に受け入れてもらえるようである。とくに子どもを引きつける力は大きい。高校生たちに、カニムシを見たときの印象調査を実施したことがある。するとなんと、ダンゴムシを抜いて一番人気であった。生物クラブに入ってカニムシを研究したい、と申し出た女子高生もいたほどだ。だから私は土の中の生き物を見せるときは、必ずカニムシが生息する森の落ち葉を教材に使う。生物の先生方からも、カニムシを発見すると学生たちが目を輝かせる、という感想をよく耳にする。

でもこれって、もしかしたら単なる私の自己満足かもしれない。生徒は教師に対する悪口など、思ってもまず言わない。そう考えていたのだが、あるとき貴重な体験をすることができた。自然保護活動を主宰する団体の学習会に、私自身が受講者として参加したときのこと。プログラムの中に土壌動物を観察しようという内容があった。先生から突然「皆さんちょっと集まってください」と声がかかった。そして「これがカニムシですよ、おもしろいでしょう」と受講者たちに示した。冬の二次林でよく見られる、やや大きめのカニムシである。みんなその動きに興味津々で、中には初めて見た姿に歓声をあげる人もいた。滅多にない機会だと、カニムシではなく集まった人たちを私はもっぱら観察した。やっぱりカニムシは人を魅了する力がある、とうれしかったことを覚えている。

②人はいつからカニムシを知ったか

人類は昔からさまざまなムシとかかわり、役に立つものは利用してきた。チュウショク（虫食）はもちろんのこと、蚕を飼って布を織り、ミツバチから蜂蜜を採る、などはその代表であろうか。反対に、害になるものは徹底的に駆除しようと戦ってきた。農業害虫としてのニカメイチュウ、カメムシ、バッタなど数多い。人体に直接被害を与えるものとして、ノミ・カ・ダニなども戦いの対象であり続けている。もちろん、美しいものやおもしろい行動をするものなどに魅了されることもある。エジプトのスカラベ、玉虫厨子などはその好例だろう。

もちろん小さなムシは、それ自体がしばしば知的好奇心の対象にもなる。子どもたちはムシが大好きだし、ムシの持つさまざまな形や生態に魅せられる大人も多い。では人類は、いつごろからカニムシを知ったのだろう。残念ながら遺跡に残る動物の絵の中には見出せない。

世界で一番古い文献

そうはいうものの、ギリシャ時代の文献にすでに登場する。これまでわかっている資料の中で最も古いものは、アリストテレスの『動物誌』である。

鋏のあるのはサソリと、本の中に発生するサソリに似た虫である（第4巻第七章）

書物の中にもまた別の虫が発生し、（中略）或るものは尾のないサソリに似ていて非常に小さい（第5巻第三十二章）

このようにどちらも「本あるいは書物の中」とある。ギリシャ・ローマ時代の書物は今日見られるような紙ではなく、粘土板や羊皮紙あるいはパピルスなどであった。これらの書物の間には餌となる他のムシも多かっただろうから、それらを食べていたに違いない。図書館で勉強しているとき、アリストテレスが開いた本の間からカニムシが這い出したのだろう。アルキメデスの王冠にまつわるエピソードほど派手なアクションではないが、エウレカ、と小声でつぶやいたかもしれない。

（以上、島崎三郎訳『アリストテレス全集7』岩波書店、傍線は佐藤による）

書物がパピルスや羊皮紙から紙に代わってからも、古い書物の間からしばしば発見されていたようだ。そのためカニムシは、英語でブック・スコーピオン（Book-scorpion）とも呼ばれる。サソリに似ているところからスード・スコーピオン（Pseudo-scorpion）またはフォース・スコーピオン（False-scorpion）という名称もある。どちらもニセモノという意味だから、ニセのサソリというわけだ。昔の人はどうやら尾なしサソリのように認識していたらしい。

ずっと後になるが、生物分類学で二名法（属名と種名をラテン語で表記する）を確立したリンネ（一七五八）の有名な著書『自然の体系』を例にとってみよう。その中には二種類のカニムシが記載されている。学名を見ると *Acarus cancroides*、および *A. scorpioides* と書かれている。属名の *Acarus* はダニの意味だし、種名の *cancroides* は「カニのような」という意味である。もう一つの *scorpioides* は「サソリのような」という意味だ。

その後、カニムシ目という独立した仲間として認識されるようになったのは十九世紀後半であり、体系化されたのは二十世紀初頭といってよい。その後も長い間、一般に知られることはなかった。知られ始めたのはごく最近のことである。ネットなどで調べると、カニムシという名前がけっこう頻繁に登場するようになった。とくに自然愛好家の間で人気があるように思う。このような現象が起こったのは、ここ十年ほどのことだ。これは世界的傾向のようで、イギリスなどではカニムシの検索表（レッグら二〇一七）なども売られている。

日本人とカニムシ

では、日本ではいつごろからカニムシが知られていたのであろうか。かつてはアトビサリ、アトシザリ、アトピサリ、ツボムシ、ウシムシなどと呼ばれていたらしい。敵が近づくと、前を向いたまま後退する動きが語源だと推測される。しかしアトビサリは、かつてはアリジゴク（ウスバカゲロウの幼虫）をも意味していた。また、ウシムシやツボムシもアリジゴクと同一視されていたようである。なにやらハサミのようなものを持って後ろに下がる性質のムシの総称だったと推測される。戦前まではカニムシもアトビサリも併用されていたが、最近ではもっぱらカニムシが使われている（佐藤二〇一五a）。

カニムシという名称が公的に登場するのは、谷津直秀博士が『動物学雑誌』（一九〇八、明治四十一年）に発表したものが最初のようである。博士は同誌の中でカニムシ類および擬蠍類という漢字も使用している。漢字表現は、英語でいうPseudo-scorpionの日本語訳であろう。これを受けて岸田久吉（一九一五、大正四年）博士はもっぱらカニムシという名称を使うようになった。

これに対してアトビサリという名称を最初に使ったのは田中芳男で、文部省発行の『博物教授書・多節類一覧』（一八七七、明治十年）に登場する。そこには現代風に表現すると「カニに似たムシで尾がない。大きさはわずか数ミリで古い紙の間や革の間に棲んで小さなムシを食べている」と解説してある。アトビサリを使い続けたのが江崎悌三博士で、日本で初めて他の昆虫に便乗している様子を観察した学者でもある。さらに江崎（一九三〇）は次のように述べている。

「通常アトビサリといふ名で知られ、又カニムシとも呼ばれてゐる」

このように、昭和初期までは異なる二つの名称が使われていたことがわかる。

実をいうと、カニムシの存在は、少なくとも江戸時代後期には知られていた。現存する最も古い文献は栗本丹洲による『丹洲蟲譜』（一八一一、文化八年）であり、明らかにカニムシだとわかる。そこにはアトビサリと記されたほかに、「悪颯」と書いてある。図は土壌性カニムシのように見える。

栗本より少し後に、小原桃洞により『桃洞遺筆』（一八三三、天保四年）が出版された。この中には顕微鏡による詳細な図が掲載されており、食巌蟲（イシクヒムシ）と称している。この図をみると、今でいうイソカニムシであることが一目でわかる。紀州（和歌山県）の博物家である畔田《くろだ》翠山は『熊野物産初志』（一八四八、嘉永元年）の中で岩喰蟲（イシクヒムシ）と呼んでいる。

このように、少なくとも江戸時代の後期には知られていた。また、博物的な関心が高まり、外国書籍や顕微鏡の導入なども影響を与えたのだろう。富山藩の前田候が書いた『砂挼子蠨蛸圖説』（一八三八）を見ると、リンネの本を読んでいたらしく、カンキロイデスという名称を使っている。このころすでに、西洋からの情報なども積極的に取り入れていたことがわかる。戦後になって、高島春雄（一九四七）博士は、カニムシという言葉が江戸時代の紙商人たちによって使われていた可能性を示唆している。

以上を総括すると、江戸時代後期に博物学研究熱の高まりとともにアトビサリ（アトシザリ）・食巌蟲・岩喰蟲・悪颯・カニムシ、など多様な名称が与えられるようになった。同名で呼ばれるアリジゴクとの違いは、しっかりと認識されていたことがうかがえる。明治以降はカニムシ派とアトビサリ派に分かれた。戦後になって大部分の図鑑でカニムシが採用されるようになった。分類学上の目《もく》を表すときには擬蠍も使われる。あれこれ調べたが、現在までのところ江戸時代後期以前の資料は見つかっていない。地方の古い文献に隠れていないか、あるいは釈迦涅槃図などに描かれていないか、目を光らせている。

墨客揮犀の謎

そんな中で一つ奇妙な呼び名を先に紹介した。栗本丹洲（一八一一）による『丹洲蟲譜』に「悪颯」とあり、「案ルニ図スル処右ニ所謂悪颯ナルベシ」と書いてある。また、「墨客揮犀云」とあるからには、そういう書物がどこかに存在するに違いない。後に岸田博士がこれに触れたが、出典不明として詳しく言及されることはなかった。

ところが最近になって、文献を入手することができた。さっそく購入して項目を拾ってみると「悪颯」（あくさつ・あくそう）というタイトルの文章が見つかった。漢文なので眺めていれば、およその意味は理解できた。しかし、正確さを期するため、漢文の先生に翻訳していただいた。

彭乗撰（十一世紀）墨客揮犀（宋代の遺文軼《イツ》事および詩話文評の書物）

悪颯　蟲毒不治傷人

「虫がいる。姿は蟬のようであり、形は小さくて平べったい。家の土壁の中や書籍の中に好んで隠れている。前に二本の長い脚があり、蟹のハサミのようである。この蟲のお尻に触れると、横に動き、前に触れると後ろに下がる。鄭房という秀才がいた。この虫を細い木に挟んで高く掲げて眺めたが、この虫に毒があることを知らなかった。いたずらに指で何度もはじき、虫の歩くのを観察しようとした。ある人がこの虫に刺された。痛さのあまり、数日伏せる。名医にめぐりあいこの怪我を治してくれた。医者が言う『この虫は悪虫という名で、治療しなければ死にいたる』」

（鶴見大学文学部田中智幸教授訳）

形態の解説、書物の間に潜んでいて触れると「あとしざり」するといった行動の特徴は、カニムシをよく表しているように思われる。何となくイエカニムシを彷彿とさせる。ただ後半はちょっとあやしい。この虫に刺されて（たぶん挟まれて）痛さのあまり数日間寝込んだという。名医がいたから助かったようなものの、というところから強烈な毒性を持つと理解される。そして医者が、治療しないと死ぬぞと警告した、となるとちょっと首をかしげてしまう。世界的に見てもカニムシの害はほとんど報告されていない。

この書物が中国で書かれたのは十一世紀、日本でいえば平安時代に相当する。とすれば、悪颯という名前自体はもしかしたら日本でも意識されていたかもしれない。ただこれをカニムシと認識できた人はいなかったのではないだろうか。実物を見た体験がなければ理解できないからだ。それが初めて栗本丹洲によって両者が結びつけられたのであろう。そう考えると、明確に認識されたのはやはり江戸時代後半といってもよいのではないか。しかし真相は謎である。ちなみに、墨客揮犀が書かれたとほぼ同じ平安時代に堤中納言物語が書かれている。この中に登場する「蟲愛ずる姫」がもしカニムシを見ていたら、どんな名前をつけただろうか、などと考えると楽しくなる。

なお、カニムシが記載されている図鑑で最も古いものは、内田清之助編、『日本動物圖鑑』（一九二七）で、岸田久吉博士が三種類について解説している。ほどなくして日本動物研究学会編『新集全動物図鑑』（一九三四）のハンディ版が出版されたが、ここには二種が掲載されている。

③カニムシの形態

では具体的にカニムシの解説に入っていくことにしよう。まずは、カニムシの形態的特徴および簡単な分類について述べたい。カニムシの体のつくりやその名称などの基本を知っておくと、後に理解しやすくなる。少し専門的な用語が出てくるので、読みにくければ飛ばしていただいても構わない。

全体のつくり

カニムシの全体略図を（**図1−1**）に示した。体は大きく分けて二つの部位、すなわち頭胸部と腹部から構成されている。この点で頭部・胸部・腹部の三つに分けられる昆虫と区別される。頭胸部腹面には、付属肢として小さなハサミを備えた鋏角（鋏顎）、たくましいハサミと感覚毛を備えた触肢、それに四対の歩脚がついている。頭胸部の背面は頭胸甲と呼ばれ前方側面近くに四眼または二眼（すべて単眼）を持つものがある。

腹部の背面は背板と呼ばれ腹面は腹板と呼ばれる。普通は肛門を含めて一二節に分かれ、それぞれの表面には体毛が並んでいて、側面は側膜で覆われている（**図1−2**）。

体表面は、昆虫と同様にクチクラで覆われているが、ツチカニムシやコケカニムシの仲間では高湿度の環境に生息するものが多いため、薄くて滑らかだが乾燥に弱い。一方、イソカニムシやヤドリカニムシの仲間では体表面が硬く、顆粒状の小突起に覆われているものが多い。この構造は、乾燥に耐えることができ、私の体験では、半年近く室内環境に放置しても生きていた例もあった。

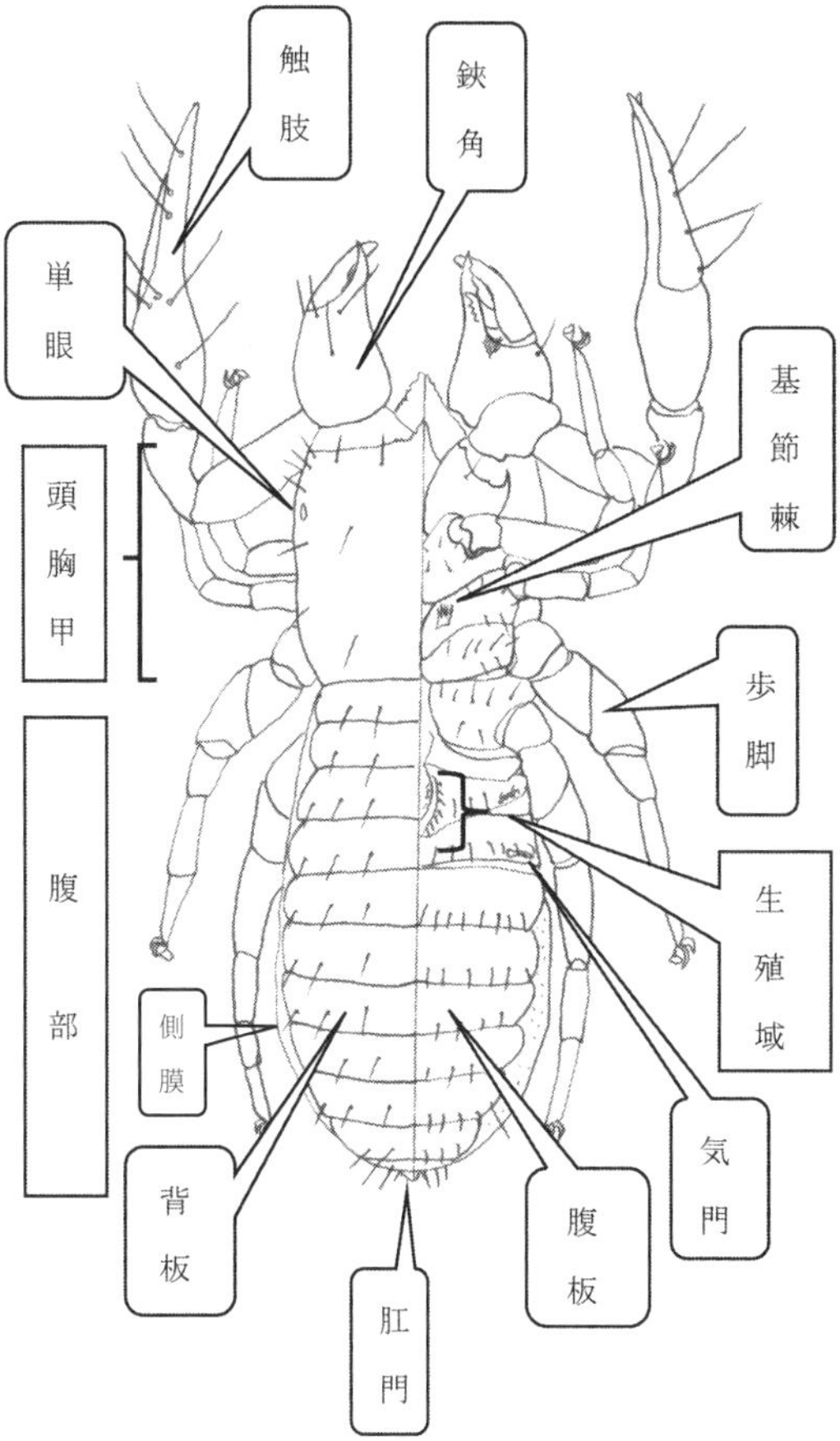

図1－1 カブトツチカニムシ雄の全体略図（左・背面と右・腹面）

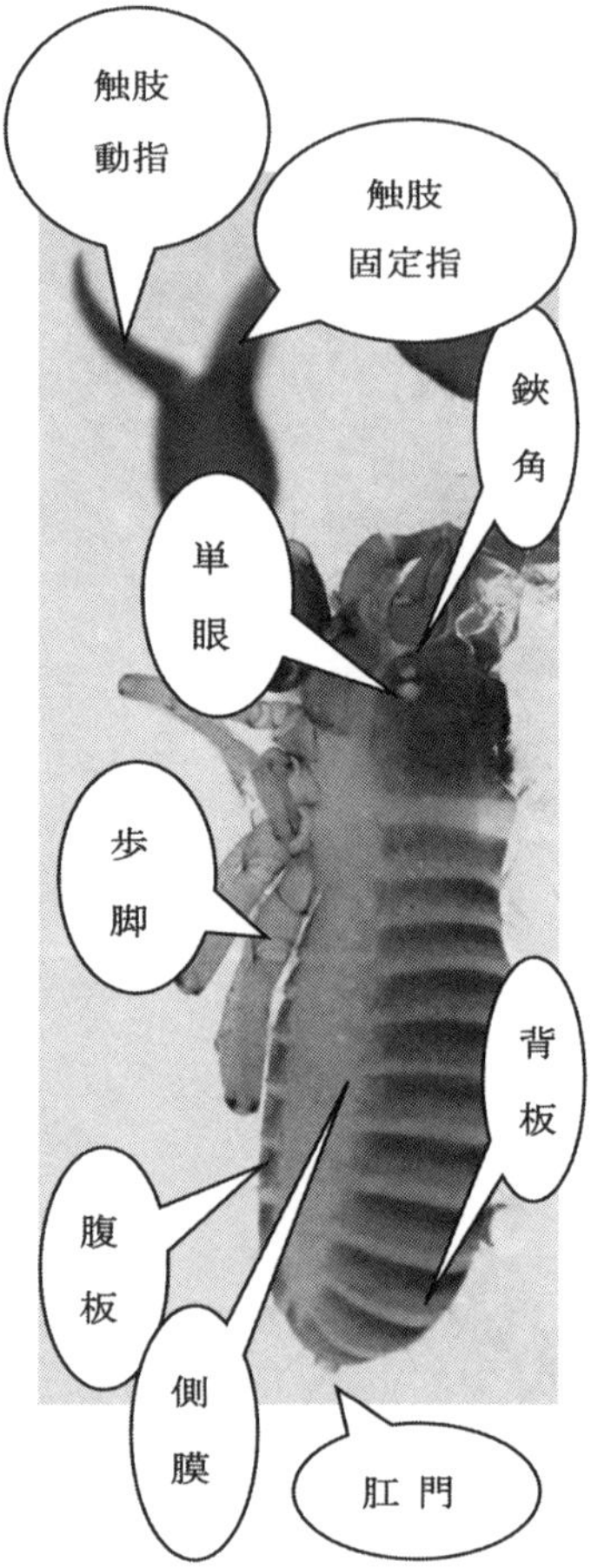

図1－2　ミツマタカギカニムシの側面写真

体色は白っぽい黄色から褐色、赤褐色、チョコレート色、黒などが基本で、どれも地味だ（写真集参照）。クモやチョウなどのように色彩豊かではない。頭胸甲、背腹板、触肢などは概して色が濃く、歩脚は白っぽい。洞窟産の種は淡い色が多く、樹上性の種は褐色のものが多い。色が地味なのは、おそらくカニムシの生活スタイルと密接に関係していると考えられる。

カニムシの体つきは、その生息場所と深く関係していて、土壌や洞窟に生息する仲間は概して歩脚が長く体も厚みを帯びていてより広い空間に適応しているようにみえる。とくに洞窟性種では歩脚が長くなる傾向にある。これに対して、本の隙間などに隠れる仲間は扁平になっていて、歩脚も短い種が多く、ごく狭い隙間でも平気で潜り込んでしまう。だから、形態を見ればどのような環境に生息する種類か、ある程度わかる。

頭胸甲

頭胸甲の形は長方形・三角形・前円後方形などがあり、その形状や長さと幅の比は分類には欠かせない基準になっている（**図1－3**）。ツチカニムシ科やコケカニムシ科は長方形が多く、灰色っぽい黒や濃い褐色あるいは赤褐色の種が多い。イソカニムシ科やウデカニムシ科などは三角形をしているものが多く茶褐色や黒褐色が多い。前方が半円形なのはヤドリカニムシ科などに多く見られ、黄褐色から黒褐色の種が多い。一般的には若虫では色が薄く、成虫になるにつれて濃くなる。脱皮直後には青みを帯びることがある。

頭胸甲の前部には単眼を持つものがあり、四眼・二眼・無眼が知られている。構造から察して眼が像を結ぶことはほとんどないと推測される。明るさと光の方向を感じる程度であろう。一部の種では頭胸

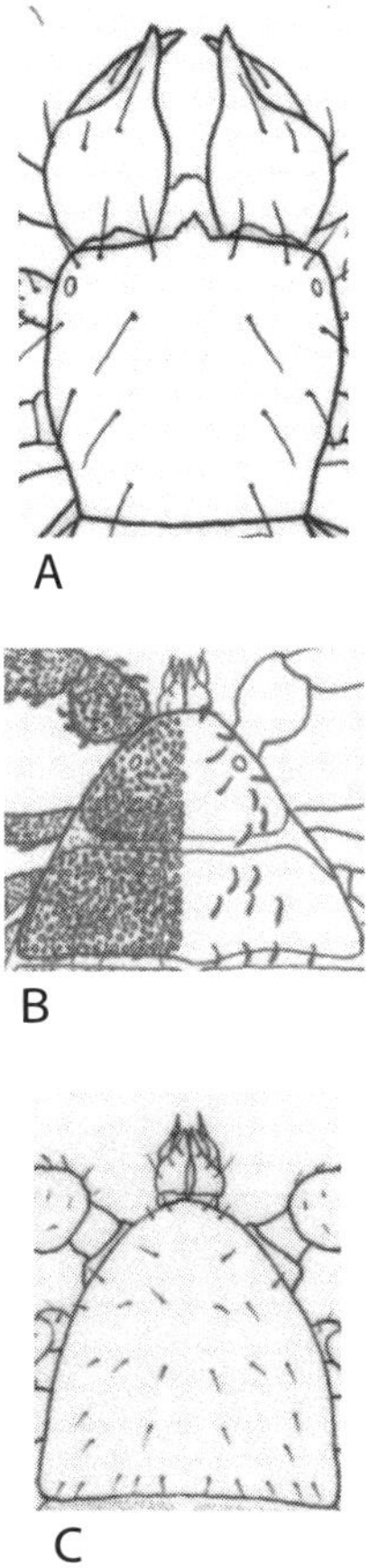

図1－3　いろいろなカニムシの頭胸部と鋏顎部。A：カブトツチカニムシ、B：グンバイウデカニムシ（1本の横溝あり）、C：トゲヤドリカニムシ

甲の後部に一本ないし二本の横溝を持つものがあるが（**図1－3B**）、関節ではない。体表毛は規則的に並ぶ種と不規則なものとがある。規則性のあるものは分類の基準にされることも多く、頭胸毛式として「4－6，12（前縁四本、後縁六本、合計一二本の意味）」のように表現される。

鋏角（鋏顎）

頭胸部の前方には鋏角（**図1－4**）を備えるが、ツチカニムシの仲間では大きく、キカニムシの仲間では小さい。形はハサミ状になっていて、がっちりした掌部と可動性の動指とからなる。捕えた獲物に穴を開けて下顎から消化液を注入する。ハサミの動指先端には紡績腺が備わっていて、巣を作るときなどに糸を紡ぎ出す。その形状はただ先端に穴が開いたものからこぶ状（兜状体）や枝状に分かれたもの（**図1－4C**）など種によって個性的である。ハサミの内側には薄い櫛状の膜（外鋸歯、内鋸歯）があ

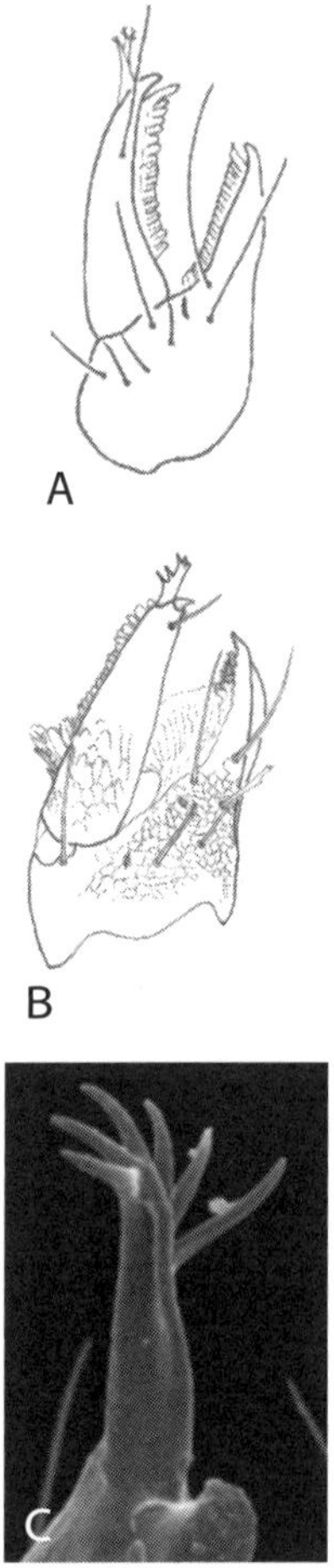

図1－4　鋏角の形態。A：ミツマタカギカニムシ、B：テナガカニムシ、C：イソカニムシ鋏角紡績腺の走査電子顕微鏡写真（以下、走査電顕写真は阿部道夫、井上孝二両氏の協力による）

って触肢にあるハサミの掃除やゴミの除去などに使われる。食事の後などは盛んに掃除している姿を観察できる。鋏顎と下顎の間に口が開いているが、外側からは見ることができない。

触肢

前方に突き出した強大な器官は触肢（**図1－5**）と呼ばれる。先端部のハサミはカニムシという名前の由来となっている。他のハサミを持つ動物たちと同じように、掌部（固定指）と可動性の動指から構成される。腕を完全に伸ばすと体長に匹敵するほど長く、中には体長を遥かに超えて、マジックハンドのような触肢を持つ例もある。ハサミには歯（鋸歯）が生えていて、さまざまな形態があり、分類の基準の一つになっている。この鋸歯列は、獲物を捕えたとき体に食い込んで逃げられないような役割を持つ。また鋸歯列の近くに付属歯を持つ種もあるが、その役割はよくわかっていない。

ハサミの指には通常一二本の長い感覚毛があり（**図1－5B**）、その位置やお互いの距離は分類の重

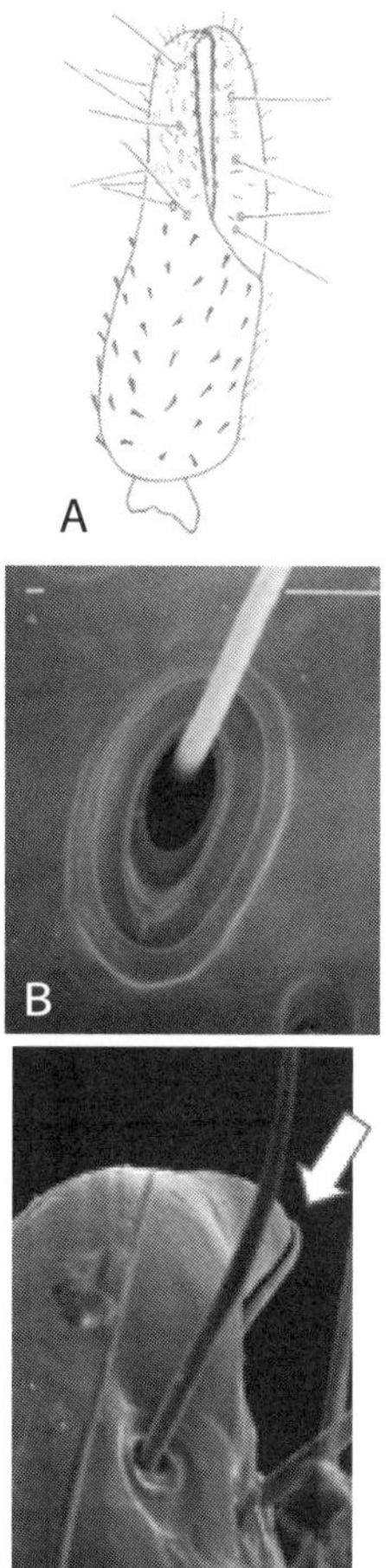

図1－5　A：ツヤカニムシ触肢ハサミ、B：ミツマタカギカニムシ動指感覚毛、C：動指先端の毒腺保護毛

要な指標の一つになっている。感覚毛は独特の窪みから生えていて、可動式で他の体毛よりずっと長く太い。歩き回るときなど盛んに感覚毛を動かしている様子が観察できる。通常は固定指に八本、動指に四本が基本である。ただし、種によってはこの規則に従わないものもいくつか知られている。たとえばウデカニムシは第一若虫から成虫まで、動指の感覚毛は常に一本である。またチビコケカニムシなどは動指の感覚毛が最多で三本である。感覚毛の配置は分類をするうえで重視される。

触肢ハサミの先端には毒腺を持つものがあり先端部に開口している（**図1－5C**）。ツチカニムシなど一部の仲間はそれを持たない。毒腺は、動指または固定指にのみ持つ種と、両指に持つ種があり分類の重要な指標である。毒腺の開口部の下に保護毛があるので識別できる。また、プレパラート作製時に、グリセリンなどで透過すると体表面が薄い種などでは内部の構造が透けて観察できるものがある。

歩脚

歩脚（**図1－6**）は四対で、二対ずつ前と後ろに向いている。頭胸部腹面を覆っている基節から転節・腿節・膝節・脛節・跗節と呼ばれている。前の二対はやや細く、後の二対は太くなっている。後ろの二対が太いことですばやく後退するのに役立つと思われる。

歩脚の関節数は重要で、その数によって大まかに三つに分けられている。無毒腺亜目の仲間は前二対が六節、後二対が七節である（異跗類）。これに対して四対とも七節の仲間（複跗類）、および四対とも六節に分かれるものがある（単跗類）。かつてはこれを基準に三つの亜目に分けられていた。現在はこの三亜目は使われないが、種を同定する際の目安として重要になるので覚えておくと便利だ。また、跗節先端部の爪や吸盤状の褥板、その周辺の長毛なども分類の基準として使用される。

腹部

カニムシ類の腹部は、基本的に一一節プラス肛門からなっている。ただし一部の種によっては一〇節の場合もある。背面および腹面は正中線で二分するものとしないものとがある。表面はクチクラで覆われているが、滑らかなものと顆粒状の体表面を持つものとがある。それぞれの節には複数の剛毛（体長毛）が生えていて、一列、二列などがあり、その配列は分類上重要視される（**図1－1、2**）。剛毛は他の部分と同様、単純な針状のものから枝が生じたり複雑な形態をしているものも存在する。

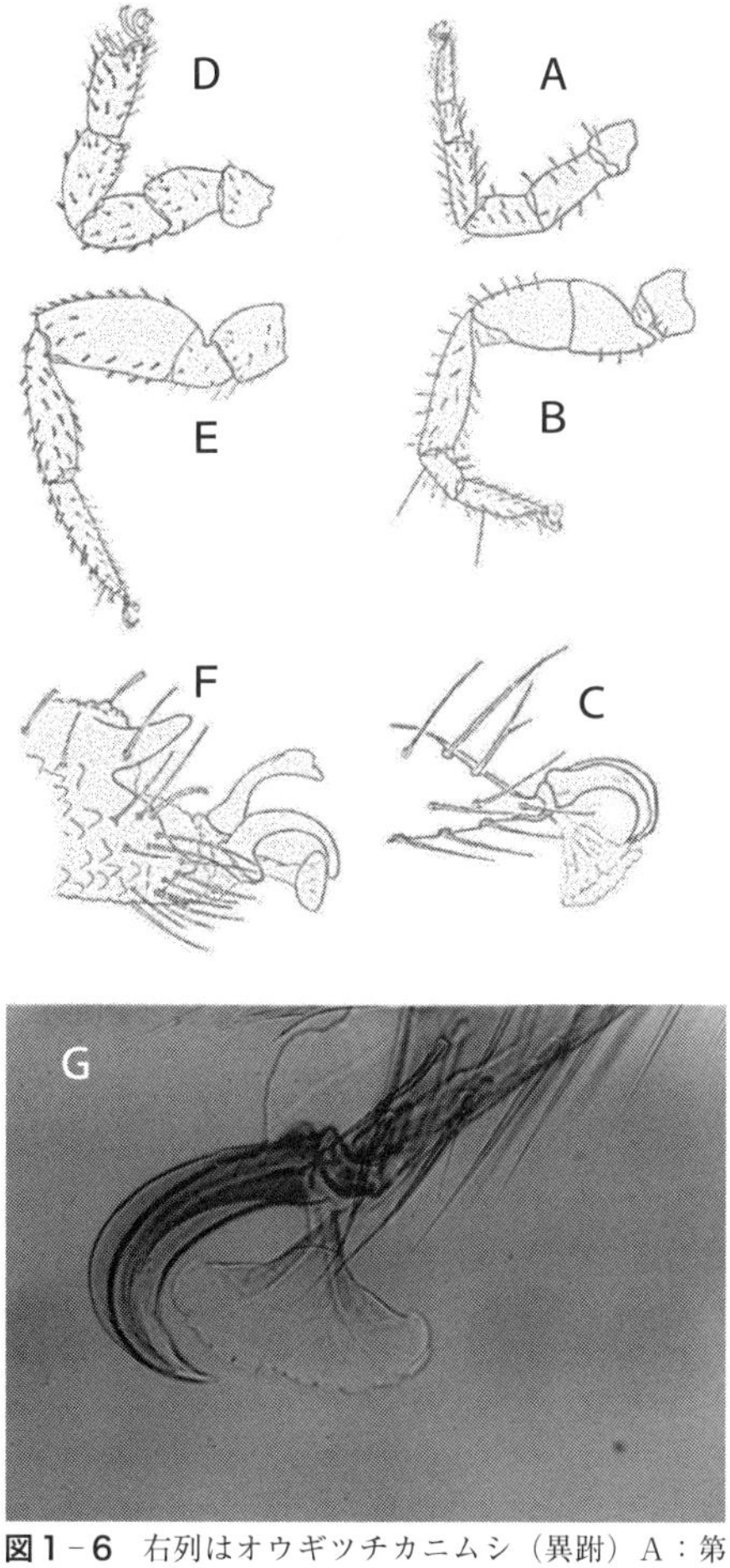

図1－6　右列はオウギツチカニムシ（異跗）A：第一歩脚、B：第四歩脚、C：跗節先端部、左列はノコギリヤドリカニムシ（単跗）D：第一歩脚、E：第四歩脚、F：跗節先端部、G：オウギツチカニムシ第一跗節の先端部（爪と褥盤）

腹面と背面の間は側膜に覆われていて伸縮性がある。表面の模様は分類の基準として使われる（**図1－2**）。

腹面

歩脚および触肢の基部は頭胸甲の腹面を覆っている。その形状は種によって特徴が異なり、分類の決め手となることが多い。

頭胸部腹面は触肢および第一～第四歩脚の基節で覆われている。**図1－7A**はトゲヤドリカニムシの頭胸部腹面である。

ツチカニムシの仲間は、基節に基節棘と呼ばれる特別の構造を持っている（**図1－8**）。箒状、扇状、枝分かれした棘、などいろいろな形態を持っており分類の大きな決め手の一つになっている。

腹部背面は通常一一節の背板からなる。腹部の背板には剛毛が生えていて、その形態・数・生える位

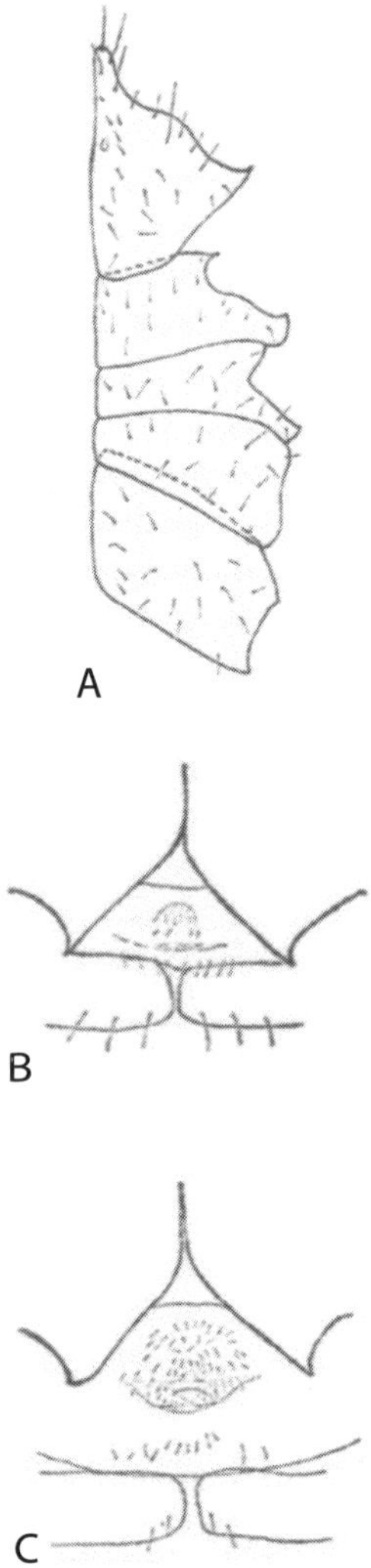

図1－7　A：トゲヤドリカニムシの頭胸部腹面、B・Cは雄と雌の腹部腹面生殖域

置などが分類の決め手になることも多い。ツチカニムシ類やコケカニムシ類の多くは細い針状の剛毛が生えている。これに対してヤドリカニムシやウデカニムシなどでは、こん棒のように太くなったものや軍配のように広がったものなど、個性的なものが多い。

腹面には生殖域を含む腹板からなる。腹節第二、第三節の中央が**図1－7B**のように異なっていて、とくに雄の生殖域は雌よりも毛数が多い。種によっては開口部が目立つ（**図1－7B・C**）。

雄は内部の生殖器官から精包を作り出して地面に立て、それを雌が受け取ることによって受精する。また第二、三腹節の両側には気門があり、ここから気管が伸びて取り込んだ酸素を全身に供給している（**図1－1**）。

肛門は腹部第一節の後ろに開口している。カニムシの排泄物は一般に白っぽい色をしている（**図1－**

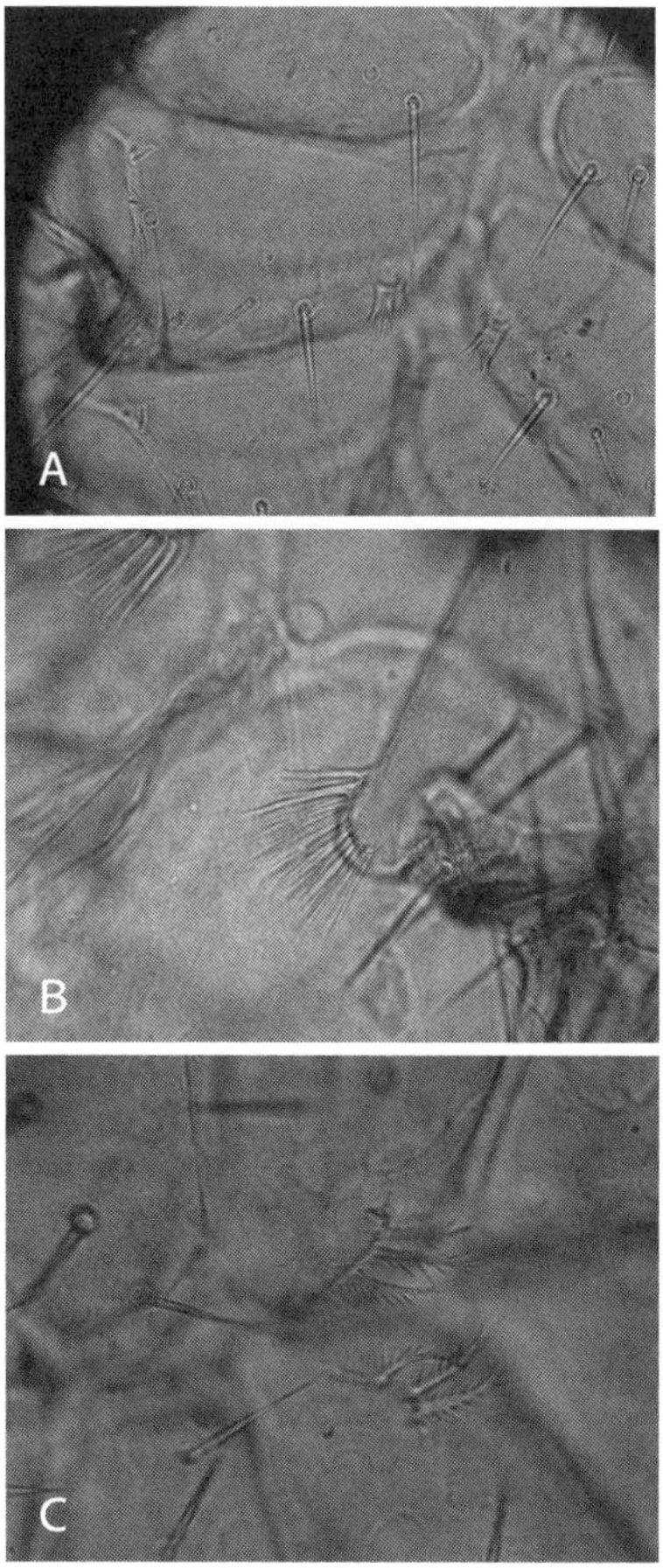

図1－8　基節棘。A：カブトツチカニムシ、B：オウギツチカニムシ、C：タカシマトゲツチカニムシの一種

9)。飼育していると時々白いシミのようなものが容器に付着する。

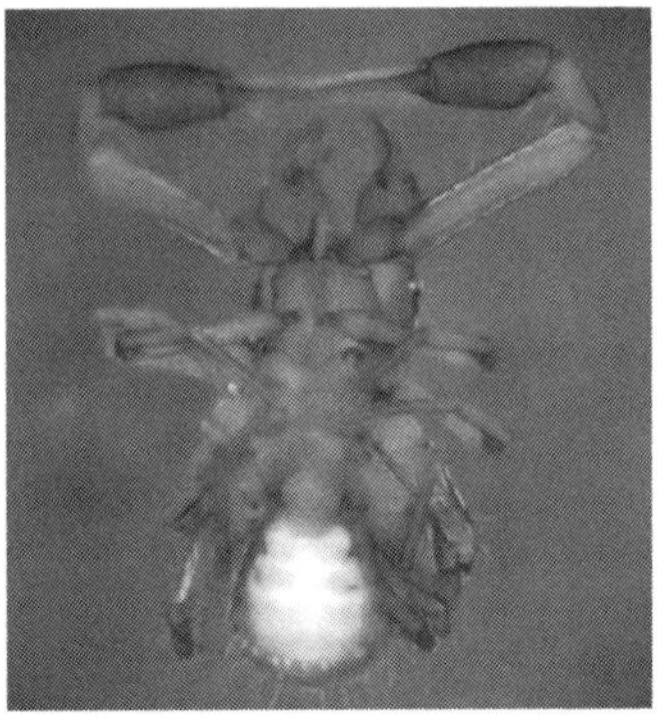

図1−9　ムネトゲツチカニムシの腹部に排泄物の詰まった様子

④カニムシの仲間

次に、分類学的な面からカニムシの位置を見ておきたい。動物は、背骨のある脊椎動物と無脊椎動物に分けられる。もちろんカニムシは無脊椎動物である。その中で、骨格の代わりに体表面が硬いクチクラで覆われている仲間を節足動物という。

節足動物の中でダンゴムシやワラジムシは軟甲綱、脚が多い点では共通していてもムカデはムカデ綱(唇脚綱)でありヤスデはヤスデ綱(倍脚綱)、チョウやカブトムシは昆虫綱という具合に多様性に富んでいる。なにしろ昆虫綱だけでも一〇〇万種類を超えるといわれているのだから、世界中に生息する動物の多くは節足動物である、といっても過言ではないかもしれない。

分類学的位置

節足動物の中でも八本の歩脚を持つ仲間はクモガタ綱と呼ばれる。その中の一つがカニムシ目である。クモガタ綱の特徴として、体が頭胸部と腹部の二つから構成されている。この点で、頭部・胸部・腹部と三つに分かれる昆虫綱とは明確に区別される。クモガタ綱は全部で一一の目と呼ばれる下位の分類群に分かれる。なじみのないものも多いかもしれないが、全体像を把握するために含まれるすべての目を示しておこう。

節足動物門

クモガタ綱（**図1–10**参照）

サソリ目、カニムシ目、ザトウムシ目、ダニ目、サソリモドキ目、

ヤイトムシ目、クモ目

（ヒヨケムシ目、クツコムシ目、コヨリムシ目、ウデムシ目は日本にいない）

ウデムシ目の中に、カニムシモドキという種類がある。カニムシは擬蠍だから、カニムシモドキを漢字で書くと擬擬蠍となるのだろうか、ややこしい話だ（実際は書きません）。

日本では、種類数の多いものとして、ダニ目（およそ二〇〇〇種）、クモ目（およそ一六〇〇種）、ザトウムシ目（およそ八〇種）が知られている。これらに対してカニムシ目は、現在まで七〇種前後が記載されている。前後というのは、研究者によって種に対する解釈が異なるからである。まだ知られていない種類も多いことから、たぶん今後一〇〇種は超えると予想される。この他の仲間は種数がぐっと少なく、ヤイトムシ目（四種）、サソリ目（二種）、サソリモドキ目（二種）などとなっている。

新しい分類体系へ

カニムシは、はじめダニかサソリに近い仲間のように思われていたようだ。小さいこと、八本の歩脚を持っていること、ハサミを持っていることなどがその理由であろう。私はまだ原著論文を見ていないために孫引きになるが、モリカワ（一九六〇）によればサソリに似たムシ（Faux Scorpions）をカニムシ目として定義したのはラトレイユ（一八〇六）だという。その後、十九世紀から二十世紀初頭にかけ

図1－10　日本のクモガタ綱の仲間。A：サソリ目、B：ザトウムシ目、C：ダニ目、D：サソリモドキ目、E：ヤイトムシ目、F：クモ目、G：カニムシ目

てシモン（一八七八）、ウィズ（一九〇六）らによって分類を中心とした研究が進められた。しかし、この時代の論文には図が掲載されていないものも多く、説明もごく簡単でわかりにくい。

二十世紀の前半、チャンバリン（一九三一）によって詳細な形態に関する研究が行われた。それとほぼ時期を同じくしてバイアー（一九三二a・b）は世界のカニムシ類の分類と当時知られていた世界中の種の検索表をまとめた。この二人の分類体系が長い間使われてきた。

ちょっと専門的になるが、彼らはまず歩脚の関節の数の違い、とくに跗節と呼ばれる部分に注目した。ツチカニムシ亜目（異跗類、前脚が六節・後脚が七節）、コケカニムシ亜目（複跗類、全脚七節）、キカニムシ亜目（単跗類、全脚六節）の三亜目に分けた。

近年になってオーストラリアのハーヴェイ（一九九二、二〇一一）が分岐分類の手法を使って新しい体系を提案し現在に至っている。バイアーたちと異なる点は、触肢ハサミに毒腺を持っているかどうかに注目し無毒腺亜目と有毒腺亜目に分けたことである。それ以外についてはは専門的になるのでここでは省略する。

最近ではこれに加えて、遺伝子や化石などの分析が加わって分類体系も修正されつつあり、今後の発展が期待されるが、定着するまでにはもう少し時間がかかるかもしれない。

分類研究が進んでいるのは、ヨーロッパや北アメリカであり、ハーヴェイ（二〇〇七）によれば、フランス一二一種、イタリア二二三種、スペイン一九一種、イギリス二八種、ロシア三二種、アメリカ合衆国四〇二種、メキシコ一六〇種、オーストラリア一六五種、などとなっている。ちなみに日本は六六種と記録されているが、まだ半分程度ではないかと推測している。研究者が少ないため、ほとんど調査が進んでいない国や地域も多く、たくさんの新種が毎年記載され続けている。

地球上にいつからいるのか

カニムシがいつから地球上に生息していたのか？　なにしろ小さいので化石としては残りにくい。世界で最も古い記録は、アメリカのニューヨーク州にある古生代デボン紀の泥岩層から発見された。ダニやムカデなどの化石と一緒に出土したらしい。現代では存在しない仲間で、シェアら（一九八九）によってDracochelidae（竜のハサミの意味）として記載された。デボン紀といえば、およそ三億九〇〇〇万年前である。シダ類が全盛期のころで裸子植物が出現し始めた時代だという。

ずっと新しくなるが、琥珀の中からカニムシが多く記録されている。琥珀は樹木の樹脂が変化したものであり、一部のカニムシたちが中に閉じ込められて残っている。ハームズとダンロップ（二〇一七）のまとめによると、中生代の白亜紀に七科が、新生代第三・四紀の地層から一五科が発見されている。これらの多くは分類学的に現代のカニムシ類に近いことから、白亜紀あたりにはすでにおおよその科は出そろっていたのかもしれない。白亜紀の終わりに隕石の大衝突による気候の大変動があったという。それによって恐竜類が絶滅し、哺乳類にとってかわられた時代である。そんな中にあって、カニムシ類は細々ではあるがちゃんと生き残っていたのだ。世界の生物相に大変革が起こった中にあって、カニムシたちはそれをものともせずに生き残ってきたといえる。環境の変動に敏感なカニムシにしては、不思議なことである。

日本ではどんな仲間がいるか（写真集参照）

日本産カニムシについて、ここではハーヴェイ（一九九二）の分類体系を基に紹介することにする。

世界では、二五科が知られている。ただし一つの科は化石で発見された中生代のカニムシなので、実際には二四科が現存している。日本で知られているのは、そのうちの一五科である。まだカニムシを見たことがない人には、なじみがないと思われるので、簡潔に解説する。

無毒腺亜目　Epiocheirata

名前の通り触肢ハサミの先端に毒腺を持たない仲間である。歩脚の関節数で分類していたときはツチカニムシ亜目と呼ばれていた。全体的に華奢ですらりとした体型のものが多い。湿った場所を中心に生活する。

この仲間は、歩脚の基節に棒状や針状の基節棘と呼ばれる構造を持っていることが特徴である（ハマカニムシは除く）。基節棘は、その形状が種によって異なり、その生じる場所と共に分類の際に重要な決め手になっている。体長が一㎜～二㎜程度と小さい種が多いので、プレパラートにして顕微鏡で拡大しないと基節棘を観察することはできない。解説図がまだ入手できなかった初心者のころ、私もこの基節棘の意味がわからずに困った覚えがある。

1、ツチカニムシ科　Chthoniidae

〇カブトツチカニムシの仲間（*Mundochthonius*）カニムシ写真集、写真1A

〇トゲツチカニムシの仲間（*Tyrannochthonius, Lagynochthonius*）写真1B～1F

2、ハマツチカニムシ科　Lechytiidae

〇ハマツチカニムシの仲間（*Lechytia*）写真欠

3、オウギツチカニムシ科　Pseudotyrannochthoniidae

4、ケブカツチカニムシ科　Tridenchthoniidae

○オウギツチカニムシの仲間（*Allochthonius*）写真2A～2C

○ケブカツチカニムシの仲間（*Ditha*）写真3A

有毒腺亜目　Iocheirata

触肢ハサミの先端に毒腺が開口している。毒腺を動指だけに持つもの、固定指だけに持つもの、両方に持つものなどが知られている。

5、コケカニムシ科　Neobisiidae

○チビコケカニムシの仲間（*Microbisium*）写真4A

○コケカニムシの仲間（*Parobisium*）写真4B～4D

○カギカニムシの仲間（*Bisetocreagris*）写真4E～4H

○ウミカニムシの仲間（*Halobisium*）写真4I

6、ツノカニムシ科（新称）Syarinidae

○アカツノカニムシの仲間（*Pararoncus*）写真5A

7、イソカニムシ科　Garypidae

○イソカニムシの仲間（*Garypus*）写真6A

8、サバクカニムシ科　Olpiidae

○コイソカニムシの仲間（*Nipponogarypus*）写真7A

○クロカニムシの仲間（*Xenolpium*）写真7B

9、ダルマカニムシ科（新称・旧リクイソカニムシ） Geogarypidae

○ダルマカニムシの仲間（*Geogarypus*）写真8A

10、ハラナガカニムシ科（新称） Garypinidae

○ハラナガカニムシの仲間（*Solinus*）写真9A

○ネズミスカニムシの仲間（*Amblyolpium*）写真欠

11、ウデカニムシ科 Cheiridiidae

○コウデカニムシの仲間（*Cheiridium*）写真10A

○オオウデカニムシの仲間（*Apocheiridium*）写真10B

12、メナシカニムシ科（新称） Atemnidae

○メナシカニムシの仲間（*Paratemnus, Oratemnus*）写真11A

13、カニムシ科 Cheliferidae

○イエカニムシの仲間（*Chelifer*）写真12A

○イボテカニムシの仲間（*Kashimachelifer*）写真12B

○コナカニムシの仲間（*Lophochernes*）写真12C

○ノコギリヤドリカニムシの仲間（*Dactylochelifer*）写真12D

14、ヤドリカニムシ科 Chernetidae

○モリヤドリカニムシの仲間（*Allochernes*）写真13A

○イチョウヤドリカニムシの仲間（*Allochernes*）写真13B

○ハエヤドリカニムシの仲間（*Muscichernes*）写真欠

○トゲヤドリカニムシの仲間（*Haplochernes*）写真13C、13D
○オオヤドリカニムシの仲間（*Megachernes*）写真13E
○ツヤカニムシの仲間（*Hesperochernes*）写真13F
○テナガカニムシの仲間（*Metagoniochernes*）写真13G

15、イボカニムシ科　Withiidae
○イボカニムシの仲間（*Withius*）写真欠

ここに紹介したものの他に、まだ未記録の科がいくつか存在することがわかっているが、それらは今後の研究によって明らかにされていくであろう。

⑤カニムシの習性

世界にはこれまで三〇〇〇種近いカニムシが記載されているが、その生息環境はきわめて多様である。しかしながら、その習性や行動はまだまだ不明な点が多い。これまでわかっているカニムシならではの個性的な動きや習性に触れてみたい。

カクレムシと呼びたい

どのカニムシにも共通する基本的な習性。それはこれまでにも幾度か触れてきたが、狭い隙間に潜みたがる性質である。飼育容器に隠れ場所を作ってやると、すぐに潜り込む。とにかく、どの種も狭い空間が大好きなのである。

野外調査の際、白布の上で土を篩ってじっと見つめていると、光にさらされたカニムシが動き出す。見つけて標本瓶を取り出すためにちょっと目を離した隙に、行方をくらましてしまうので油断できない。篩ったときに落ちた土や落ち葉のかけらの陰に隠れてしまうからだ。それだけ狭い空間や暗さが好きな証拠であろう。ハサミを突っ込めるだけの空隙があれば、隠れてしまう。飼育中に、容器の隙間から逃げ出してしまうこともよくあるが、落ち葉などを入れておくと下に潜り込んでくれるので逃げ出す危険は減る。湿度を保つために丸めた脱脂綿を入れておくと、その間に隠れてしまうこともある。もちろん、この習性は暗い場所に生活する動物に共通した傾向だが、たとえばダンゴムシも暗い場所が好きだけれども、時々は地面を歩いていたりする。ミミズも土の中に潜るが、何かの原因で地表面に這い出す。カニムシの場合、そのような行動は特殊な場合を除けばまずない。

ハラナガカニムシという仲間などはマツの樹皮下でよく見かけるが、樹皮を剝いだとたんそそくさと歩き出し、数秒後には隙間に隠れてしまう。マツの樹皮はご存じのように割れ目だらけである。アルコール瓶を取り出すゆとりもない。一度潜ったら採集するのは至難の業だ。そのため、私は見つけるとすぐ指に唾をつけてカニムシを動けなくする。それからアルコール瓶を出して採集する。ムシ取りに慣れた人は、吸虫管で吸えば簡単だろうと思われるかもしれない。しかしこのカニムシは、吸虫管のガラス管とゴム栓の隙間に潜り込んでしまうので非常に取り出しにくい。無理に開けようとすると潰してしまうこともある。アルコール瓶に移すのもなかなか面倒なのだ。

そんな習性から、私は忍者のようだといつも感じている。できれば、カニムシのことをカクレムシとかカニンジャムシと呼びたいくらいである。そのうち、新種を発見したらコノハガクレムシとかニンジャカニムシなんていう名前をつけてみたいと本気で考えている。

カニムシの歩行

カニムシは四対の歩脚を持っていて、第一・二脚は前方を向き、第三・四脚は後方を向いている。歩脚の先端には二本の鋭い鉤爪と褥板と呼ばれる吸盤のようなもの（褥盤）がついている。カニムシがガラスの裏側を平気で歩くことができるのは、これを利用しているのかもしれない。ヤドリカニムシ科の雄では第一脚の鉤爪が変化しているものがあり、これは雌に求愛するときに利用される。

歩く姿を見ると、それほど速い前進はできない（第二章「歩く速さはどれくらいか」参照）。あわてて走ると、突き出したハサミが重いので、つんのめってしまうだろう

その中でも、ツチカニムシ・コケカニムシ・カギカニムシなどの土壌性種は動きが速い。とくに、強い光を浴びたときなどは、あたふたと逃げ場を求めてブルドーザーが走るような印象だ。やはり乾燥や光に弱いのだろう。土壌中に隠れているときには、すばやく前進する必要がないものと思われる。

これに対して割合にのんびり歩くのは、樹上性のカニムシ類だ。土壌性の種に比べて、樹皮下などでは潜り込む空間がより狭く、動きにくいためだろう。また大型の敵が侵入しにくいため、敵からすばやく逃げる場面が少ないのだろう。体表面の構造から見て、水分の蒸散が少なく、温度変化に耐性を持つから、慌てる必要がないのかもしれない。

いずれの仲間も、普段は触肢のハサミを開いて前をさぐるように確認しながらゆったりと歩く。孔隙を見つけるとハサミを突っ込み、その大きさを測るようなしぐさを見せる。実体顕微鏡下で観察すると、ハサミに生えている長い感覚毛が盛んに動いている様子が見られる。だいたいハサミの太さと同じ程度の隙間があれば潜り込んでしまうようだ。またハサミの感覚毛はセンサーの役割を持ち、暗闇の中でも

振動を感知して空間を判断している。

カニムシは、孔隙の間に潜んでいるときは動かずにじっとしている。ただし、空腹時には比較的活発に歩き回る。種によっては夜間に活動する姿を見ることがある。敵が少ないからだろうか、歩くときはハサミであたりをさぐりながら、ゆっくりと歩き回る。この独特な動きで、他の動物と簡単に区別できる。サソリのようにふらふらせかせかした感じがないのは、おそらく尻尾がないために体のバランスがとりやすいからだろう。

回転・あとびさり

とくに土壌性のカニムシは、方向転換がとてもすばやい。後ろから刺激を与えると、刺激のあった方向にサッと回転する。いつでも触肢を敵や餌に向けた状態に保とうとするのだ。樹上性種は、それに比べて概して遅い。カニムシは前後左右に比べて、上下（背中側や腹側）からの刺激にはやや鈍感なようで、すべての体毛が感覚毛として機能しているわけではなさそうである。詳細はまだわかっていない。

カニムシの行動で魅了されるのは、なんといっても強い敵に出会ったときの動きである。刺激を受けた方へサッと向きを変える。そして、前を向いたままでススッと後退する。とくに土壌性カニムシの後退は驚くほど速い。数センチから時には二〇㎝ほども一気に後退する。カニムシの体長は小さい種で一㎜程度、大きい種で五㎜程度だからそのすばやさがわかる。仮に体長が二㎜の土壌性カニムシが二㎝の距離を瞬間移動したとすれば、体の一〇倍の距離である。これは土壌動物の中ではかなり俊足といってもいいだろう。ただし、トビムシのように一瞬にして跳ぶ能力はない。しつこく刺激を繰り返すと疲れてくるらしく、敵に背を向けて急ぎ足で逃げる。やはり正面を向きながらの瞬間移動は、相当にエネルギーを消耗するのではないかと推測している。

この他の行動としては、強い刺激を受けると全身を縮めて防御態勢をとる。ちょうど昆虫が歩脚を縮めて動かなくなったような姿勢をとってしばらく動かない。

ひっくり返ったときには、まず、最初は歩脚を伸ばしてバタバタさせ、何かつかまるものがあればそれを使って元に戻る。つかまるものがないと、両方の触肢をぐっと背中側に反り返らせて体を持ち上げる。両触肢と尻（最後尾）の三点で反り返る感じである。次に触肢の片方を縮めるか、体をねじるようにしてくるりと回転する。

カニムシの食べ物

カニムシは典型的な捕食性動物であり、生きている小動物しか食べない。タヌキやネズミの体にしがみついているところを見かけた人などが、血を吸っているのではないかと問い合わせてこられたことがあった。また動物の死骸の上で見つけたので、腐肉をあさると誤解されたこともあったようだ。食品などの間から見つかることもあり、穀物を食い荒らしているのではないかと疑われることもある。先に紹介した食巌虫という名前など、誤解の典型といっていい。

通常は獲物を待ち伏せて捕食する。空腹時などは、短い距離ならば獲物の方に向かっていくこともある。まず触肢両指の感覚毛にあるセンサーで獲物を確認する。多分空気の振動を感知するようだ。次に、ハサミを広げ瞬間的に触肢を伸ばして獲物を挟む。ハサミには鋭い歯が等間隔に並んでいて、猛禽類の脚爪のように獲物をがっちりとつかむ。また、小さな鋸歯が隙間なく生えて、獲物が滑らないような構造になっている種も多い。

カニムシには毒腺を持つものと持たないものとがある。毒腺を持たないオウギツチカニムシなどは触肢を激しく振って相手を弱らせてから鋏角（鋏顎）に運ぶ。獲物が大きい場合は後退しながら触肢を振る。毒腺を持つ仲間でもカギカニムシなどでは、ハサミを瞬間的に振るだけのこともある。たぶん、毒腺を獲物の体に食い込ませるためだろう。キカニムシの仲間では激しく振り回すことは少ない。むしろ、毒が獲物の体内に回って動けなくなるのをじっと待つような感じだ。狭い樹皮下などではハサミを振ろうにも十分な空間がとれないためであろう。

獲物が動かなくなってから鋏角に運び、ゆっくりと食べる。食べるといっても相手をむしゃむしゃ咀嚼するわけではない。クモと同じように鋏角の先端を体に突き刺して消化液を注入し、液状にしてから吸い取る方式である。だから、食事が終わったカニムシのそばには、よく干からびた獲物の殻が落ちている。

土壌性のカニムシはトビムシを餌とすることが最も多いようだ。日本土壌動物学会編『土壌動物学への招待』（二〇〇七）によれば、なにしろトビムシは体長が一㎜以下のものから五㎜程度まで多様であるし、個体数も非常に多く一㎡あたり数万個体に達することもしばしばである。森の中の湿った落ち葉を取ってきて観察してみると、外見ではほとんど何もいないように見える。ところが、それをツルグレン装置（九〇、一九八ページ参照）にかけると、肉眼では見つけられなかった無数のトビムシが採集される。これらの微小なトビムシたちは、カニムシの餌として適しているようだ。トビムシの種類に好みはないようで、何でも餌にする。

ダニ類もトビムシに負けず劣らず種数も個体数も多い土壌動物であり、カニムシに捕食されている様子を観察することが多い。カニムシは特定のダニ類を食べるということはないようで、時には捕食性ダニなどを捕まえている姿を目にすることもある。イレコダニのように丸いものだと、ちょうど私たちが箸で豆をつまんでいるような感じになり、時々捕食に失敗するから愉快だ。といっても野外観察で捕食中のカニムシに出くわすチャンスは非常に少ない。飼育しているときにいろいろな小動物を与えてみると、その行動を観察できる。とくに土壌性のカニムシは数日間絶食させると、積極的に獲物を追いかけるようになるから、観察するには適している。体表が柔らかくてハサミでつかみやすいものが好まれるようだ。最近、オオヤドリカニムシがマダニを捕食したという報告もあるように（オカべら二〇一八）、動くものなら何でも食べるから、たとえばミツバチへギイタダニなどもミツバチから離れたときは餌となり得る。

この他に、樹上性カニムシではよくアリを捕食している姿を見ることがある。さらにコムカデ類、ナガコムシ、小さなシミなども食べる。弱っている若齢のムカデなどを捕らえることもある。相手が大きくて勝ち目がないと判断すると、さっさと逃げてしまう。

カニムシVSいろいろなムシ

ちょっと、私の実験結果を披露しよう。体が比較的大きくて観察しやすいので、ミツマタカギカニムシの成虫（雌雄は不明）にいろいろな餌を与えてみた。試した回数は一種類の餌に対して数回の例が多く、場合によっては一回きりのものもある、ということをあらかじめお断りしておく。

まず、オカダンゴムシやワラジムシを与えてみたが、あまり好まない。というか大きすぎて餌にならない。ごく小さい幼体を食べることはあるが、よほど空腹状態にしないと手を出さなかった。基本的に殻が硬くて食べにくいのか、嫌いな味なのか、あるいは匂いなどが関係しているのか不明である。

一例だけの観察記録だが、体長が同じ程度のハネカクシの仲間（種は不明）を対決させてみた。するとカニムシはハネカクシの腹部を強く挟んだ。ハネカクシも体をねじり、カニムシの歩脚にかみついた。どちらも次の一手が出せないと見えて、そのまま膠着状態が続いた。けっきょく相討ちだったようで、数時間後に離れたときはどちらも瀕死状態であった。翌日に見ると、双方とも死んでいた。

落葉の中にいたサラグモの仲間をカニムシの管瓶に入れてみた。最初、カニムシはクモの方へ近寄って挟もうとしたが、クモも黙っていない。尻から糸を出して応戦する。その糸が触肢のハサミに絡みついたとたん、カニムシはクモを放り出した。そして鋏顎で糸を取り除こうともがいていた。その焦ったような姿がおもしろかった。触肢の感覚毛に異物が付着するのを極端に嫌うようだ。糸を出す前にクモをうまく挟むことができれば、カニムシのご馳走になり得る（**図1－11C**）。

ヒメミミズはどうだろうか。柔らかいので捕まえやすいに違いない、と予測して与えてみた。確かに

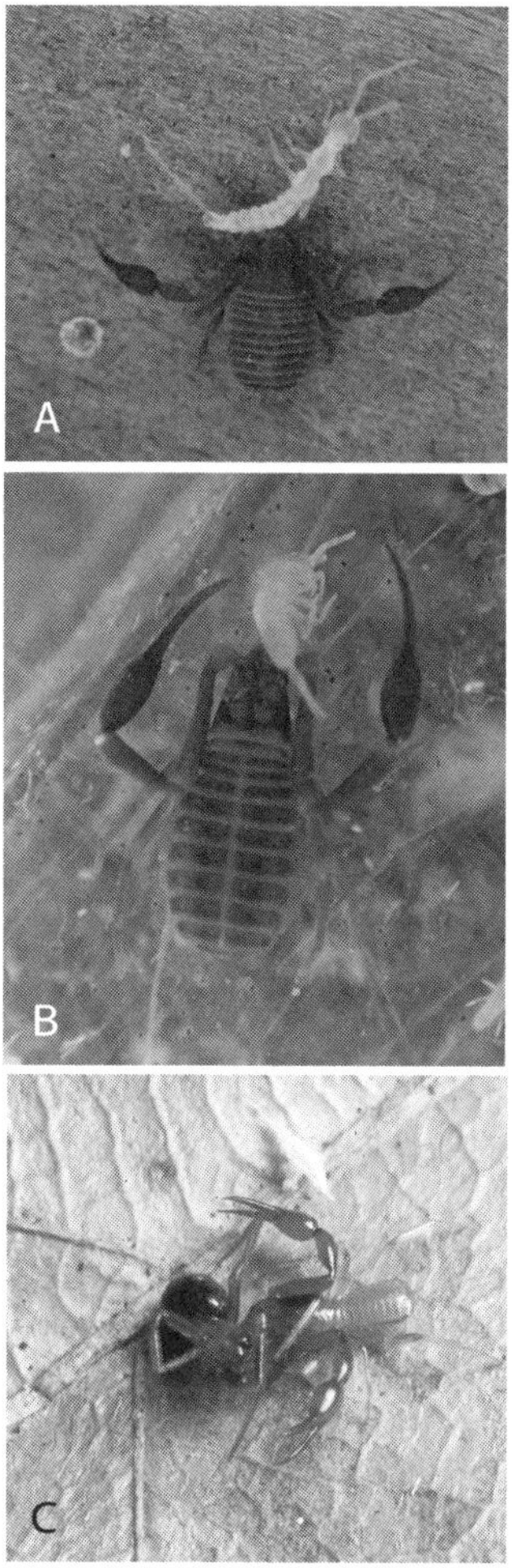

図1－11　カニムシの捕食。A：ノコギリヤドリカニムシ（獲物はナガコムシ）、B：イソカニムシ（トビムシ）、C：アカツノカニムシ（獲物はクモの仲間、新海栄一氏撮影）

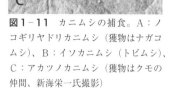

カニムシは素早く獲物を捕らえた。双眼実体顕微鏡下で観察していたところ、挟んだ瞬間ヒメミミズの皮膚が破れて中から体液が飛び出した。それがカニムシの触肢ハサミに付着したのだ。こうなると、清潔好きのカニムシ君は獲物を捨ててハサミの掃除を始めてしまった。つまり、クモ糸のときと同様、鋏角を使ってしばらく触肢のクリーニングに余念がなかった。

トビムシを与えたときは、触肢も汚れず硬さも適しているのか、どの種もトラブルなく食べることができた。しかしトビムシの方だって、ピョンと跳んで逃げるという瞬間移動能力を持つから、捕獲に失敗することもある。挟んだ場所が運悪く触角だったときには、トビムシはジャンプ一番逃げ去って、ハサミには一本の触角だけが残された。カニムシは、その一本を大事そうに鋏角に運んで食べていた。以前テレビで放映されていた木枯し紋次郎が爪楊枝をくわえている姿が重なり、何とも愉快な気持ちになった。

数個体のトビムシを入れてカニムシが捕食する様子を観察していたときのこと。捕まえたトビムシを鋏角に運んで食べ始めたところに、別のトビムシが通りかかった。するとカニムシはそれをもパッと挟んでしばらく持っていた。最初の個体を食べ終わると、改めてハサミに持っていた獲物を食べ始めた。

カニムシは基本的に生きた獲物しか食べないと先ほど述べた。実際に、死体を置いても素通りする。どうやら、目の前で動かないものは餌としては認識できないらしい。おそらく、空気の振動がないから餌として感覚毛でキャッチできないのだろう。そこで、殺したばかりの新鮮なトビムシを柄付針の先端に刺して、カニムシの前で軽く動かしてみた。するとなんと普通の生きた餌と同じようにサッとつかみ、鋏角に運んで食べたのである。カニムシの餌付け成功というわけではないが、私の手の震動がカニムシの死骸に伝わって生き餌と勘違いしたに違いない。

次に、偶然観察した結果をちょっと書いておきたい。体長が一㎜ちょっとしかない小型のカブトツチカニムシを飼育していたのだが、体長二㎜ほどのトビムシを与えてみた。一個体のカニムシがすぐにハサミでトビムシの脚の根元を持ち後部に食らいついた。まだトビムシは死んでいないから引きずられている。そこへ別のカニムシが来て、反対側から食らいついたのである。どちらもとくに奪い合いをするでもなく、仲良く（？）餌を分け合っているかのような印象であった。

先にも触れたが、捕食行動はカニムシを数日間絶食状態にすると観察しやすい。飼育容器に餌を入れてしばらく落ち着かせると、捕食する様子を観察できる。満腹状態だと捕食行動は観察しにくい。目の前を餌が通過しても動かない。時には、カニムシの体の上をトビムシが歩き回ったりすることすらある。自然状態で捕食行動を観察するチャンスはとても少ない。

共食い

カニムシは一部の仲間を除けば、集団的行動をとることはほとんどないと思われる。精包伝達ですら対面して行わない種も多い。では、カニムシ同士が出会ったとき、どのように対応するのだろう。もちろん、同種と異種では異なると考えられる。自然状態で観察することは難しいので、ここでは飼育条件下で観察したことを述べたい。

まず、土壌性カニムシ同士が遭遇した場合、どのように行動するのだろうか。相手が近づくと、伸ばした触肢で素早く感知し、お互いにサッと身を引いて争いを回避する。大きさが同じような場合は、とくにこれが顕著である。触肢を触れ合った後に穏やかに別れるときもあれば、得意のアトビサリで衝突を避けることもある。

一方、複数個体を何日間も同一容器に入れておくと、同種間でもしばしば共食いが起こるようになる。それだけではない。餌のトビムシを豊富に入れておいても、共食いは起こる。ましてや、絶食状態になると共食い行動の頻度は増す。とくに若虫と成虫を一緒に入れておくと、たいがいは若虫の方が襲われてしまう。

異種のカニムシを同一の飼育容器などに入れておくと、おおむね大きい種が小さい種を捕食してしまうようだ。具体的にいえば、オウコケカニムシ、ミツマタカギカニムシ、アカツノカニムシなどの大型種はカブトツチカニムシ、オウギツチカニムシ、ムネトゲツチカニムシ、チビコケカニムシなどを捕食してしまう。だからカニムシを吸虫管などで採集するときには注意を要する。飼育条件下の観察例から察して、土壌性カニムシは相手を仲間としてよりも餌もしくは敵とみなしている可能性が高い。

土壌性カニムシに対して海岸性のイソカニムシでは、お互いを認識できるのか共食いはぐっと少なくなる。出会うと土壌性種と同様にサッと引き下がることもあるが、触肢を触れ合って相手を確認しているようなしぐさをすることも多い。イソカニムシは、時としてごく近くにかたまって見つかることがある。冬季などには触肢が届く範囲に並んでいることすらある。とくに協力し合っているようには見えないが、おそらく過ごしやすい環境にたまたま集まった結果である可能性が高い。なぜなら、イソカニムシでも飼育条件下では空腹状態になると共食いが起こるからだ。共食いが起こりにくいからといって、集団で飼育していると少しずつ個体数が減ってしまうので注意が必要だ。

樹上性カニムシの共食いや種間の捕食は少ないように思われる。時には、数個体がごく接近して発見される場合がある。二個体が片方の手を（ハサミを）つかみ合ったり、両方のハサミを持っている例も野外で観察される。飼育条件下でも、空腹状態が続かない限り共食いはそれほど頻繁には起こらないようだ。

カニムシの分布拡大戦略

生物はいろいろな方法で分布を広げる。哺乳類の多くは自分で歩いて移動する。鳥類や有翅昆虫あるいはクモなどは翼や羽根や糸を使って空を飛ぶ。微小なトビムシやダニなどは風に飛ばされたり、水に流されたり、流木などに乗って運ばれることも多いらしい。

荒れ地に土壌が形成されると、どこからともなくトビムシやダニがやってきて棲みつく。一度、高校生と一緒に建築後五十年以上を経た校舎の屋上に溜まった土をツルグレン装置にかけてみた。すると、たくさんのトビムシとダニが出てきた。おそらく風に乗って運ばれてきたか、鳥などの体に付着してきた可能性もある。もしかしたら人間の手によって運ばれたかもしれない。

では、カニムシはどうやって分布を拡大しているのであろうか。土壌性のツチカニムシやコケカニムシなどの仲間は、風で飛ばされる機会は皆無とはいえないだろうが少ないように思われる。分布拡大に長い年月を要するものが多いことから、森林の拡大に合わせてゆっくりと土壌中を移動するのが一般的ではないかと推察される。森林土壌が道路や耕作地などで分断されると、移動できなくなってしまうようだ。移動が難しいと考えられる高山地帯の森林限界で調べてみたところ、岩場の中にポツンと離れたような茂みの下では発見できないことも多かった。後に述べるが、都会の人工的な公園のように一度破壊された環境にも侵入できないことからも、このことがうかがえる。森林の拡大に合わせて土壌中を移動するとなると、相当な時間を要するだろう。

その他の手段として、洪水のときなどに流されたり、流木に乗って移動することは十分に考えられる。

実際に移動の現場を目撃したことはないが、太い樹木に生えたコケの中や朽木の樹皮下などに潜んで移動する可能性は大いにあり得る。ただし、その種類も限定されそうである。東京都の伊豆七島などにはムネトゲツチカニムシやチビコケカニムシが生息することが確認されているが、これらの種は比較的温度や湿度の変化に強いと考えられ、流木などに乗って移動した可能性が高いと推測される。今後実証していくべき課題の一つだろう。

さらに、土壌性の種類は人間によって運ばれる可能性も否定できない。とくに植物を移植する際に、土に紛れ込む可能性は大きい。しかしこれまでのところ、まだ事実は確かめられてはいない。また、輸送された荷物の中から見つかることもある（モリカワ 一九六〇）。

海岸性のカニムシは、陸続きの海岸線ならば歩行して移動することも可能であろう。実際に海岸性カニムシの歩行能力はけっこう高く、体の大きなイソカニムシなどは一晩に数十メートルの移動も可能と思われる。さらに種類にもよるが、体表面が硬い種などは、夜間に歩き回る姿を時々見かけることから、移動中の乾燥に耐えられるのであろう。海流などによって運ばれる漂着物などと一緒に移動する可能性もあり得る。

では、樹上性のカニムシはどうやって分布を広げているのだろうか。たとえば、スギ林などで樹皮をめくるとトゲヤドリカニムシなどが見つかる。この種は体長三㎜程度の中型の種である。また、スギやマツの樹皮下には体長一㎜程度の小型のオオウデカニムシなども潜んでいる。これらの種は森に点在する樹木に生息しているが、歩行能力から推測して地表面を歩いて移動したとは考えにくい。体長一㎜のムシがたとえ一ｍ離れた隣の木に移動するだけでも人間に置き換えてみると途方もない距離ではないか。

便乗という妙手

そこでカニムシは、苦労せずに（？）移動する手段を思いついた（かどうかはわからないが）。それは移動力が大きい他の動物に運んでもらう、というステキな方法である。樹木の表面を行き交うさまざまな動物の体にしがみつけば、あとは勝手に目的地に連れていってもらえるのだ。労力も少なくて済むというわけだ。これを便乗と名づけている。

カニムシ類の多くの種が、移動などのために便乗することが実際に知られている。たとえば他の昆虫などの脚や背中や羽根の間などにつかまって移動するのだ。バイアー（一九四八）によれば、ヨーロッパで便乗が見られるのは主に夏で、多くが抱卵している雌であったという。日本では他の動物に付着していた例がいくつか観察されている（モリカワ 一九六〇）。またミツバチが巣分かれするときに一緒に移動する例などもあるようで、必ずしも繁殖期に限定されるわけではなさそうである。さまざまな観察例から察するに、繁殖時に限って便乗する種と日常的に便乗する種があるのかもしれない。また、同じ種が時期によっていくつかのパターンを示すことも考えられる。とても興味深い行動であり、今後の研究課題である。

いかなる方法でカニムシたちはこのユニークな移動手段を編み出したのだろうか。便乗するカニムシの中には無眼の種も数多く見られる。はたしてどうやって適切な便乗主に出会うのだろうか。ミステリーである。

これまで観察された便乗例をまとめたポイナーら（一九九八）によれば、クモ綱で三科、クモとザトウムシで観察されている。また昆虫綱では実に四四科からカニムシが確認されており、トンボ目、バッタ目、カメムシ目、コウチュウ目、ハエ目、チョウ目、ハチ目などの記録がある。大型のカブトムシやカミキリムシなどの仲間の羽根の裏に集団で棲むこともあるという。また、アギアールら（一九九八）によれば、アマゾンで便乗が観察されたカニムシは六科二八種にも及んでいる。ツチカニムシの仲間やケブカツチカニムシの仲間のように、通常はあまり便乗しないと思われる種も含まれており、注目される。その後も各地で報告されているから、今後おびただしい数になると推測される。

先にカニムシの棲み場所のページで、他の動物の巣や体毛から発見される種があることを解説した。これらの多くは便乗によって分布を拡大していると推測している。私の手元にある標本の中で、最も多い例はオオヤドリカニムシ *Megachernes ryugadensis* である。タヌキやアナグマの体毛・ネズミやモグラの巣・マルハナバチの巣・コウモリが生息する洞窟などから発見されている。ただ、巣や体から見つかるから必ず便乗していると断定することはできない。他の動物の体そのものが生活の場である、という例も存在するからだ。たとえばミツバチの巣房からカニムシが採集されることがある（モリカワ 一九六〇）。また、ミツバチの巣内で営巣することもあるようだ（佐々木正己氏による）。一方、巣分かれ（分蜂）の際に働きバチ集団と一緒に発見されることもある。このように、便乗と共生との違いを明確に区別することは困難だろう。

樹上性カニムシの分布を見ると、ずいぶん離れた場所からパッチ状に確認される種が多い。このことから、かなりの種類が便乗によって分布を拡大するのではないかと推定している。このあたりの謎解きは、今後の若い研究者に期待することとしよう。ハエ、ハチ、ガガンボ、ザトウムシなど移動性の高い動物を重点的に採集していれば、ヒントが見つかるかもしれない。

他の動物といえば、もちろん人間によって運ばれる種類も知られている。アフリカから日本に送られた荷物にコナカニムシの仲間が見つかった（菊屋奈良義氏による）。荷物の詰め物から発見された種もある。イエカニムシなど書物の間に生息する種は、きっと昔から人によって運ばれていたのだろう。現代のように防疫手段など考えなかった昔は、さぞかし多くのカニムシが人によって運ばれたのではないかと思われる。

天敵や寄生虫

カニムシの天敵はあまり知られていない。ムカデ、モグラなど、大きな捕食性動物によって食べられる可能性は考えられる。ヴェイゴルト（一九六九）は『カニムシの生物学』の中で、ムカデ、クモ、ダニ、一部の甲虫、アリ、鳥類などの可能性を示唆している。ただ、ほとんどは偶発的なものであり、カニムシを専門に捕食する動物はまだ見つかっていない。

寄牛虫は少しだけ知られている。ヴァショーン（一九四九）によると、線虫の一種が寄生していたという。また別の報告（ヴァショーン 一九五一a）によれば、おびただしい数のダニが寄生している図が掲載されている。先の『カニムシの生物学』には、線虫やヒメバチの仲間などで寄生が観察されている。それによれば、ヒメバチの仲間は土壌性カニムシの巣に入って卵に産卵するらしい。また、昆虫の一種が腹部に寄生している様子を観察している。私は、ダニではないかと思われるものが腹部に付着しているところを観察したことがあるが、その正体はわからなかった。

⑥カニムシの成長と繁殖

カニムシの生活史は、おおむね次のようになっている。まず成虫は雄から雌に精包の受け渡しを行うことによって雌の体内で受精する。その後、母親は産卵するが、産みだされた卵は腹部に付着したままで母体とつながっており、栄養を与え続ける。これを抱卵という。成熟した卵は脱皮して若虫となり、親の体から離れて自由生活を始める。たいていは三回の脱皮を経て成虫となる。もちろん、すべてこの原則に当てはまるわけではない。そのあたりを含めて、カニムシの成長や生活史に触れてみたい。といっても、実をいうとカニムシの正確な寿命などはほとんどわかっていない。残念ながら数世代にわたる生活史研究は誰も行っていないからである。それには、飼育の困難さが関係しているのだが、そのあたりの事情を含めて解説していく。

齢と脱皮

母体から離れたばかりの個体は第一若虫と呼ばれ、さらに第二若虫・第三若虫を経て成虫（成体）になることが知られている。つまり合計三回の脱皮を繰り返す。多くの場合、その段階は触肢動指の感覚毛の数によって容易に識別できる。すなわち、第一若虫が一本、第二若虫が二本、第三若虫が三本、そして成虫では四本である。これに若干の感覚毛が加わる場合もある（**図1－12上段**）。

ムカデ類やダニ類の幼体などと比べると、種の同定が極めて容易である。なぜなら、第一若虫の段階から形態が成虫とよく似ているからだ。そのため、採集個体の中に若虫が交じっていてもほとんどの場合は同定可能なので、研究者にとってはありがたい。だから、基本的な特徴を頭に入れておけば、後胚子発生（孵化してから成虫になるまでの成長過程）の段階を追跡できる。

そんな中で、注意を要するものがいくつかある。たとえばチビコケカニムシは第一若虫・第二若虫・第三若虫の感覚毛数の個体が採集されるが、通常の触肢動指に四本の感覚毛を持つ成虫がまったく記録されていない。実は第三若虫に相当するものが成虫と考えられている。コバリ（一九八四）によって、第三若虫と同様の形態を持った個体が抱卵することが確認された。どうやらこの種は幼形成熟（ネオテニー）であるうえに単性生殖（雌だけで繁殖する）であるらしい。まれにではあるが、三本の感覚毛を持つ雄も採集されるという。

スギやマツなどの樹皮下に生息するオオウデカニムシは、どの齢においても触肢動指の感覚毛が一本しかない。そのために、動指感覚毛の数で齢を確定できない。この場合は、固定指の感覚毛や他の部位を観察して総合的に判断しなくてはならない。

アカツノカニムシ（*Pararoncus japonicus*）のように第一若虫が滅多に採集されない種もある。第一若虫の段階で親の巣に閉じこもり続けると考えられ、第二若虫になって初めて自由生活をするらしい。このことは、近縁の属であるヨーロッパ産の *Roncus* 属で確認されている（ガブット 一九七〇）。おそらく室内飼育によって確認できるのではないかと推測しているが、今後の課題といえる。

営巣（繭）

カニムシ類は脱皮・越冬・越夏・抱卵などの際に紡績腺から糸を出して巣（繭）を作って閉じこもる。その意味では繭と呼んでもよいが、住居として利用されることもあるため、森川（一九六二）は巣と呼んでおり、私も踏襲したい。糸はクモのように尻から紡ぐのではなく、鋏角動指先端にある紡績腺から紡ぎ出される。糸の性質は切れやすく、クモの糸のような弾力性に乏しいのでピンセットなどで簡単に破ることができる。紡績腺の構造は、単純に穴のあいたものからこぶ状に盛り上がったもの（吐糸隆起）、さらに発達して兜状体と呼ばれる棒状や枝状（**図1－12下段**）あるいはフォーク状に発達したも

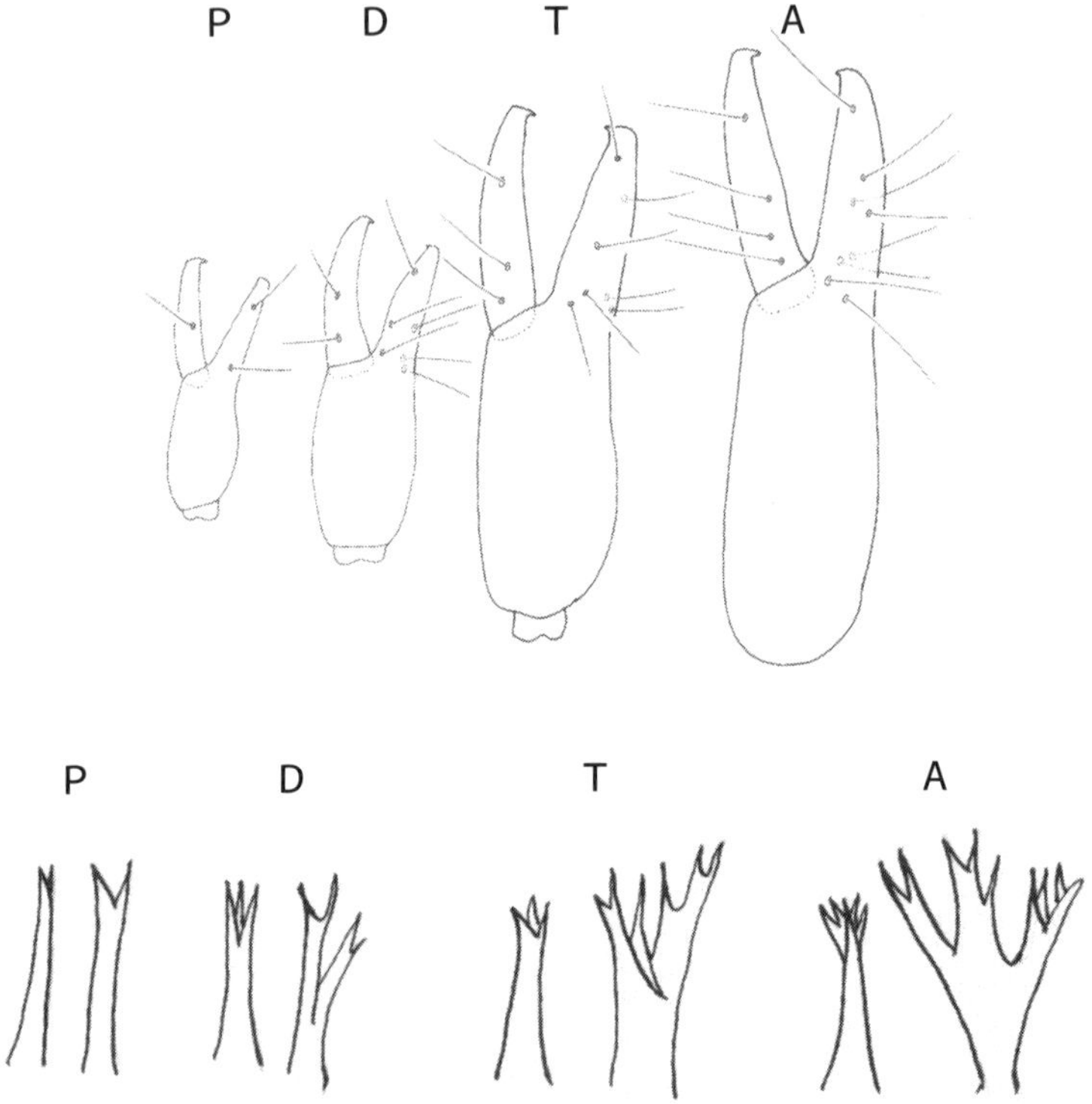

図1－12 齢の変化と形態の違い。上はトゲヤドリカニムシ触肢感覚毛、下はミツマタカギカニムシの紡績腺（P：第一若虫、D：第二若虫、T：第三若虫、A：成虫）

のなどがあり、分類上重要な特徴の一つになっている。吐き出された糸は細いうえにもろい。

土壌性カニムシの巣では内側が糸でコーティングされており、外側は周囲の砂粒や植物などの繊維、あるいはゴミ屑などで補強されている。そのため発見することが難しい。土壌中の孔隙に作る場合は丸みを帯びた繭状になるが、平面に作った場合はドーム型になる。

これに対して海岸の岩の隙間に営巣するイソカニムシでは、容易に発見することができる。岩の壁面に接しているところは、直接糸を吐くので白くなる。岩に接していない面は泥やゴミなどで織り交ぜて巣を構築する。時には捕食した餌の死骸やカニムシの脱皮殻も使われる。試みに、飼育の際に周辺のゴミなどを取り除き、天井もない場所で繭を作らせたところ、白くて薄い膜状の繭が完成した（図1－13A）。しかし支える材料がないため、ややつぶれたようなドーム状になった。一般に、イソカニムシは孔隙の形状に合わせて巣を作る。時には脱皮や抱卵の巣が隣り合っている例もしばしば見られる。他の個体が作って捨てた巣に潜り込んで、新しい巣を作る例もよく見受けられる。同じ海岸性でも、コイソカニムシは巣の大きさも最大で五〜八㎜程度である。岩に面していればイソカニムシと同様に岩面上にそのまま糸でコーティングし、砂粒などで補強しない。そのため薄い膜から中の個体が透けて見えることがある（図1－13B）。孔隙が広くて壁面として利用できない場合にはドーム型の巣を作り、天井も砂粒などで覆う。甲守（一九六六）はコイソカニムシの繭の詳細な観察記録を行っており、それによればば出口のようなものが開口している。これは、脱皮などの後に脱出のためにあけられたのか、通常生活の住居としてあけられたものであるのかはわからないという。

巣の形がさらに観察しやすいのが、樹上性カニムシである。トゲヤドリカニムシはスギやヒノキの樹皮下に小判形の楕円形繭を作る。樹皮に接した面はそのまま糸で覆う。これに対して接していない周囲

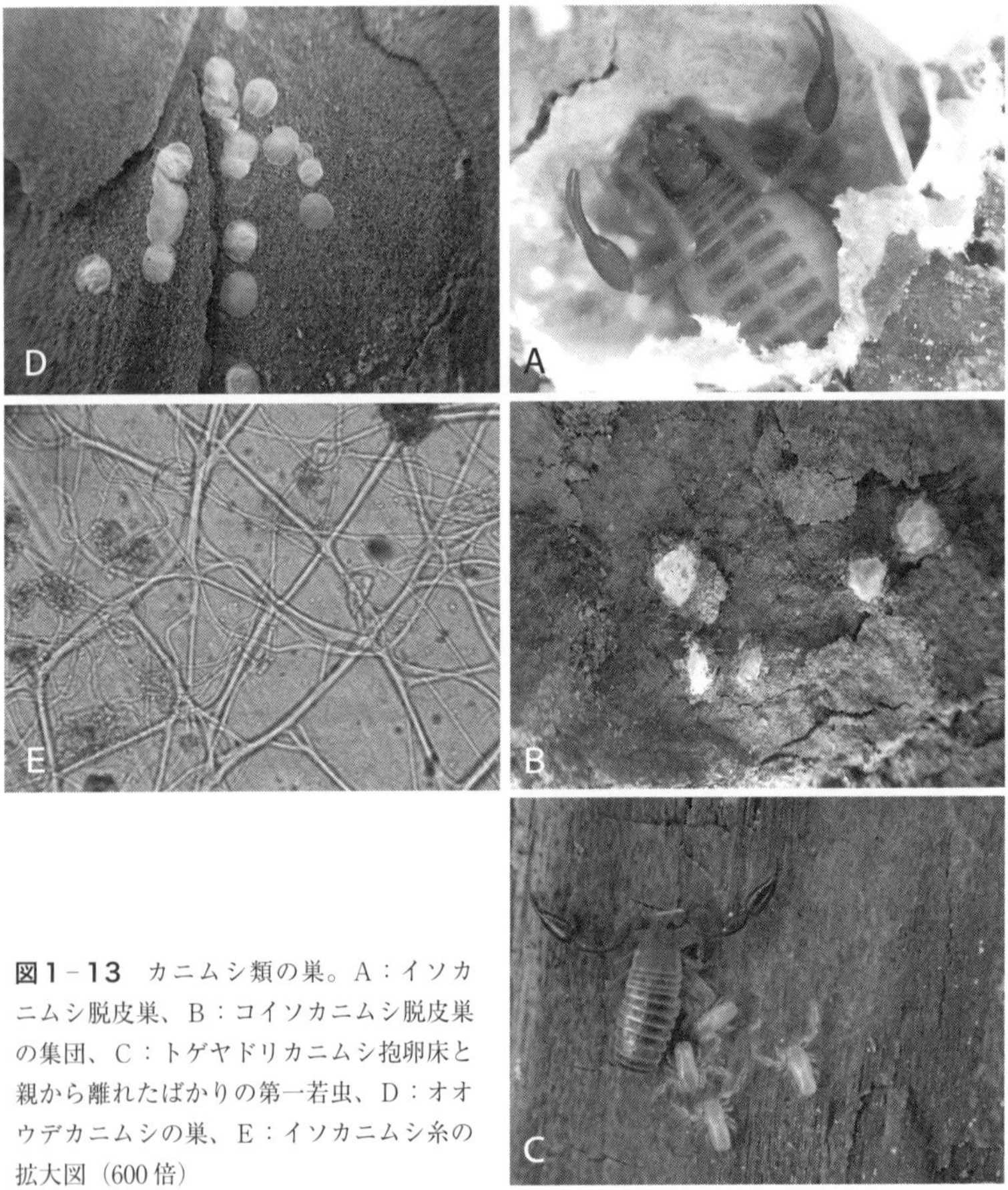

図1－13　カニムシ類の巣。A：イソカニムシ脱皮巣、B：コイソカニムシ脱皮巣の集団、C：トゲヤドリカニムシ抱卵床と親から離れたばかりの第一若虫、D：オオウデカニムシの巣、E：イソカニムシ糸の拡大図（600倍）

の面は樹皮屑やゴミ、餌にしたトビムシ等の死骸、時には他個体の脱皮殻などで補強する。

樹上性の種の中で、ツヤカニムシは周辺の屑を利用することは少なく、比較的白い壁面で覆われることが多い。これは、本種がケヤキの樹皮下などをおもな生息場所にしているため、屑が少ないのが原因かもしれない。

オオウデカニムシは吐糸以外の材料をほとんど使わないので、白い円盤状になる（**図1－13D**）。きわめて狭い隙間に生息するからか、限られた空間に集中する傾向がある。個体数がそれほど多いわけではないのに、同じ場所からおびただしい巣の数が観察されることもしばしばである。これはおそらく、同じ場所で何世代もが何年もかけて巣を作り続けた結果だと思われる。樹皮に守られているため、一度作られた巣は何年もそのまま残されるのであろう。時には巣を開くと中に小さな別の巣が見つかることもある。双眼実体顕微鏡下で観察すると、ひしゃげた脱皮殻を見つけることができる。

　私が行ったこれまでの定期調査や観察結果から推定した営巣の時期を表にまとめてみた（**表1－1**）。これを見ると同じ種でも標高の違いによって営巣する場合としない場合があることがわかる。

表1－1　観察と季節消長から推定したカニムシの営巣時期

種名		トゲヤドリカニムシ	オオウデカニムシ	ミツマタカギカニムシ	アカツノカニムシ	ムネトゲツチカニムシ	オウギツチカニムシ	カブトツチカニムシ
抱卵		×※	○	○	○	○	○	○
脱皮		○	○	○	○	○	○	○
越冬	高地	×	×	○	○	○	○	×
	低地	×	×	×	×	○		×
越夏	高地	×	×	○	×	×	×	×
	低地	×	×	○	×	×	×	×

※トゲヤドリカニムシは抱卵床を作る

精包伝達と受精

カニムシは多くの昆虫で観察されるような交尾はしない。そのかわり雄は地面に精包と呼ばれる細い棒の先に精子の入った器を立て、それを雌が腹部の生殖孔で受け取る。したがって、受精自体は雌の体内で起こる。この方法は一部のダニなどによく見られるという。精包の伝達は、おおまかに二つの方式が知られている。精包伝達について詳細に研究したのはヴェイゴルト（一九六九）である。彼は『カニムシの生物学』の中でその様子を詳しく解説している。私の観察経験と併せて紹介しよう。

最も原始的な様式と考えられているのが、精包をでたらめに立てて出会った雌が受け取る方式である。もちろんそうはいっても、受精はある特定の期間と時間に集中するようだ。また雌が近くにいた方が、雄の精包を作る行動が頻繁なように見える。もしかしたら、フェロモンのような化学物質が影響しているかもしれない。精包を作って立てる行動は夜に行われることが多く、なかなか観察するには根気がいる。通常は雄はまず体を地面につけ、足を伸ばして、地面から透明で細長い柱を立てる。そして先端に精子の入ったカプセルを載せる。私はわずかの例しか確認していないが、カプセルはまん丸いものや先端が特別な構造をしているものがある。イソカニムシを飼育していると、数個から一〇個以上の精包を立てることもある。接近した雌が精包を確認すると、その上に腹部の生殖孔を当てて精子を取りこむ。精包の殻は地面にこすりつけるなどして除去する。残念ながら雌に出会えなかった精包は、干からびてしまうか他の生物たちが食べてしまうようである。あまり効率のよい受精方法とはいえない。ヴェイゴルト（一九六九）によれば、他の個体が残した精包に出会うと引き倒してしまう例もあるという。ツチカニムシ、コケカニムシ、イソカニムシ、ウデカニムシなどの仲間がこのやり方をとっていると思われる。

私の観察結果では、アカツノカニムシ、ミツマタカギカニムシなどでは、支柱が膨らんで太くなっている場合もある。これに対してツチカニムシの仲間では、精子の入ったカプセルの周りに独特の囲いのようなものを備えていることが多いようだ。カブトツチカニムシ、オウギツチカニムシ、ムネトゲツチカニムシでは、それぞれの形状が異なっている。

もう一つの方法は、はるかに効率的である。雄と雌が出会うと、お互いに求愛行動をとって受精が行われる。これが種によっては互いにハサミを持って踊っているように見える。そのため、求愛ダンスと呼ばれている。トゲヤドリカニムシなどではよく雄と雌がハサミを持っている場面に出くわすことがあ

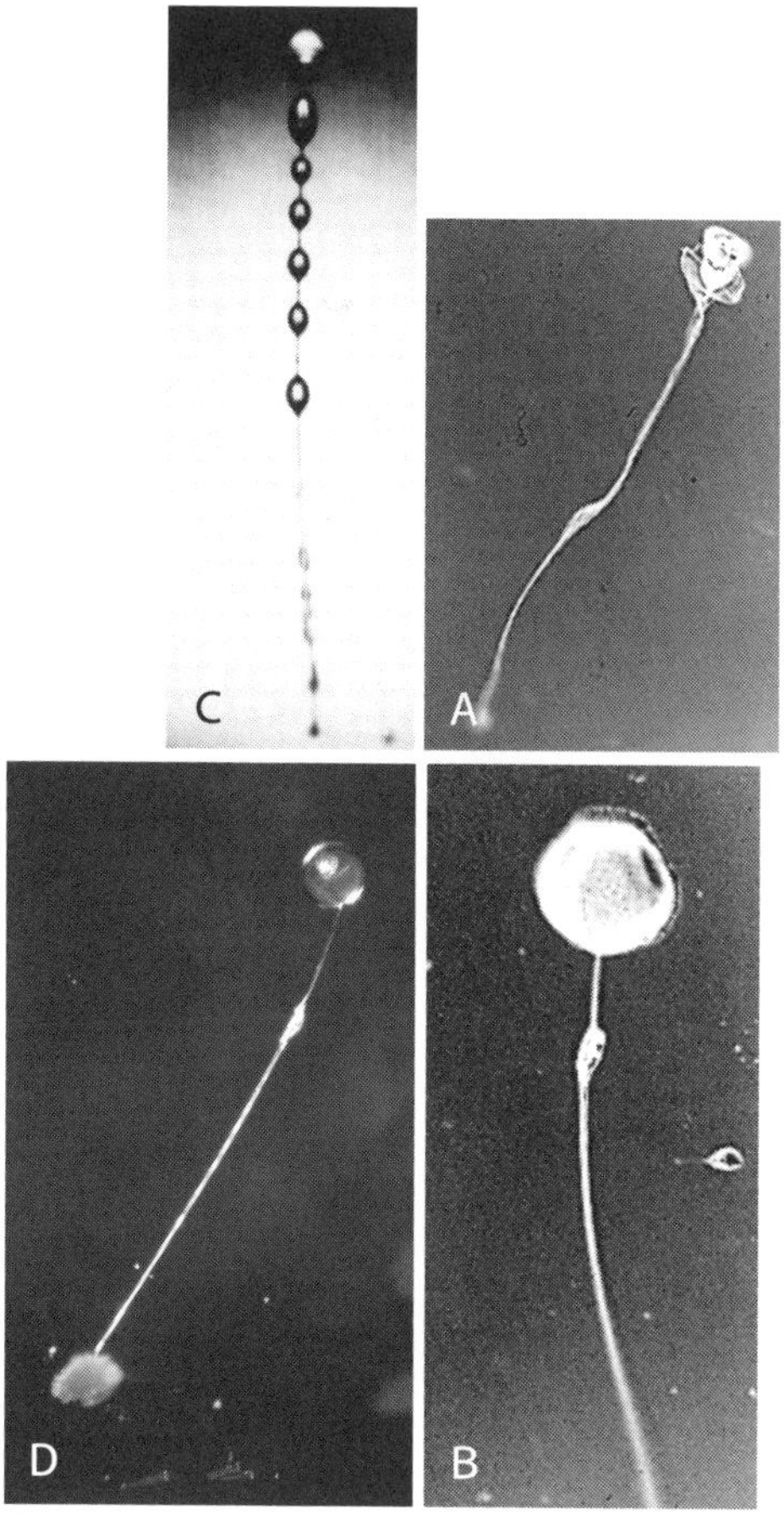

図1-14 精包、A：ムネトゲツチカニムシ、B：ミツマタカギカニムシ、C：アカツノカニムシ、D：イソカニムシ

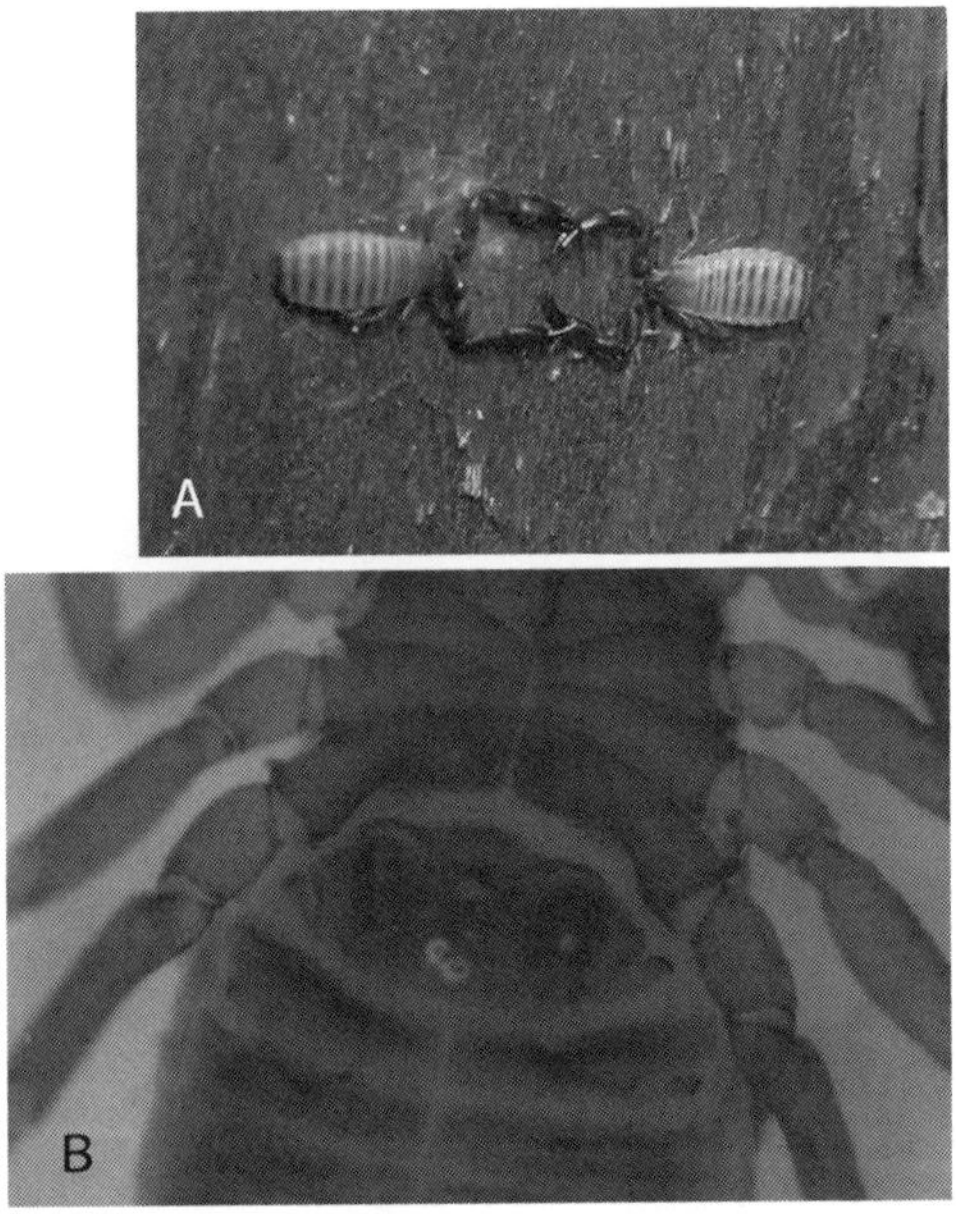

図1－15　A：トゲヤドリカニムシの求愛と思しき行動、B：カニムシ科の一種の収納された羊角包

るが、それが生殖行動であるかはまだ確かめていない（**図1－15A**）。

先に紹介したヴェイゴルトによれば、尻から糸を出して誘導路を作り、その奥に精包を立てるものがいる。雌のハサミを持って精包の上に導く例、複雑な求愛行動（ダンス）によって精包を受け渡す例もある。時には拒否されることもあるらしい。カニムシ科の仲間は、腹部に羊角包（ram's horn organs）と呼ばれる蛇腹のような器官を持っている。キュー（一九一二）によれば、求愛ダンスのときに膨らませて伸ばし、相手を引きつけるという。その後は、ハサミを持って引っ張り精包へ導くという。私はこの行動を観察したことはないが、羊角包を備えたカニムシは数種類確認しているから、根気よく調べれば観察できるのではないかと期待している。

抱卵と育児

受精が終了したカニムシは、しばらくすると第一若虫が誕生するまで巣を作って閉じこもる。卵は受精後ひと月程度で雌の腹部から産卵されるというが、温度の影響を強く受けているようだ。卵は塊で生

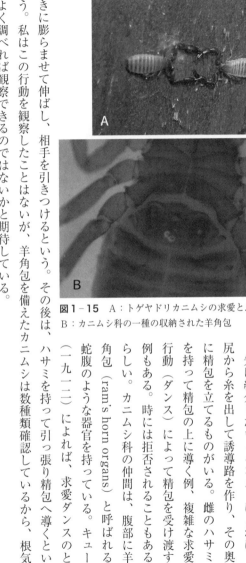

み出され、薄い育のう膜に覆われていて、母親とつながっている。母雌はこの状態で栄養を卵に供給する。最初は小さくて白っぽい卵が、栄養を親雌から受け取りつつ肥大し成長を続ける。形は次第にロゼット状になり、ついには雌の腹部が垂直に立ち上がるほど膨らむ。胚が十分に成長すると孵化し、幼虫となる（森川 一九六二）。抱卵中の成長した胚を顕微鏡下で観察すると、ハサミや歩脚が形成される様子が観察できる。産卵時はどの種でも乳白色であるが、次第に黄色味を帯びてくる。コイソカニムシの観察では成熟すると鮮やかなオレンジ色に変化する。やがて幼虫は、成虫と似た形をした第一若虫へと脱皮して親の体から離れる。第一若虫はしばらく親元にまどろんだように滞在するが、やがて巣を離れて自由生活者となる。トゲヤドリカニムシでは、巣にこもるかわりに樹皮の表面に糸を吐いて、白い膜状の抱卵床を作る（**図1－13C**）。脱皮後の第一若虫は、母親の腹部の周辺をきれいに取り囲んでまどろむ。種類によっては抱卵中に便乗して移動するという（バイアー 一九四八）。分布拡大戦略の一つであろうが、私は残念ながらこの様子を観察したことがない。受精から第一若虫誕生まではおよそ一カ月弱〜二カ月程度であると推測されるが、温度条件などで大いに変化するようである。

土壌に生息するツノカニムシの仲間では第一若虫になっても母親と共に巣の中に閉じこもり、第二若虫から自由生活者となることが知られている。それがどんな意味を持っているのかはわかっておらず、今後の課題である。いろいろなカニムシの発生についてはヴェイゴルト（一九六九）に詳しく述べられているので、興味のある方は参照していただきたい。

一回に産まれる卵の数は種によってさまざまである。私がこれまで確認した日本産カニムシ類の卵数および時期を**表1－2**に示した。その結果を見ると、だいたい一〇個から三〇個くらいである。ドーム型の巣を作る種の産卵数が多いように見受けられるが、中には巣に閉じこもらない種もある。

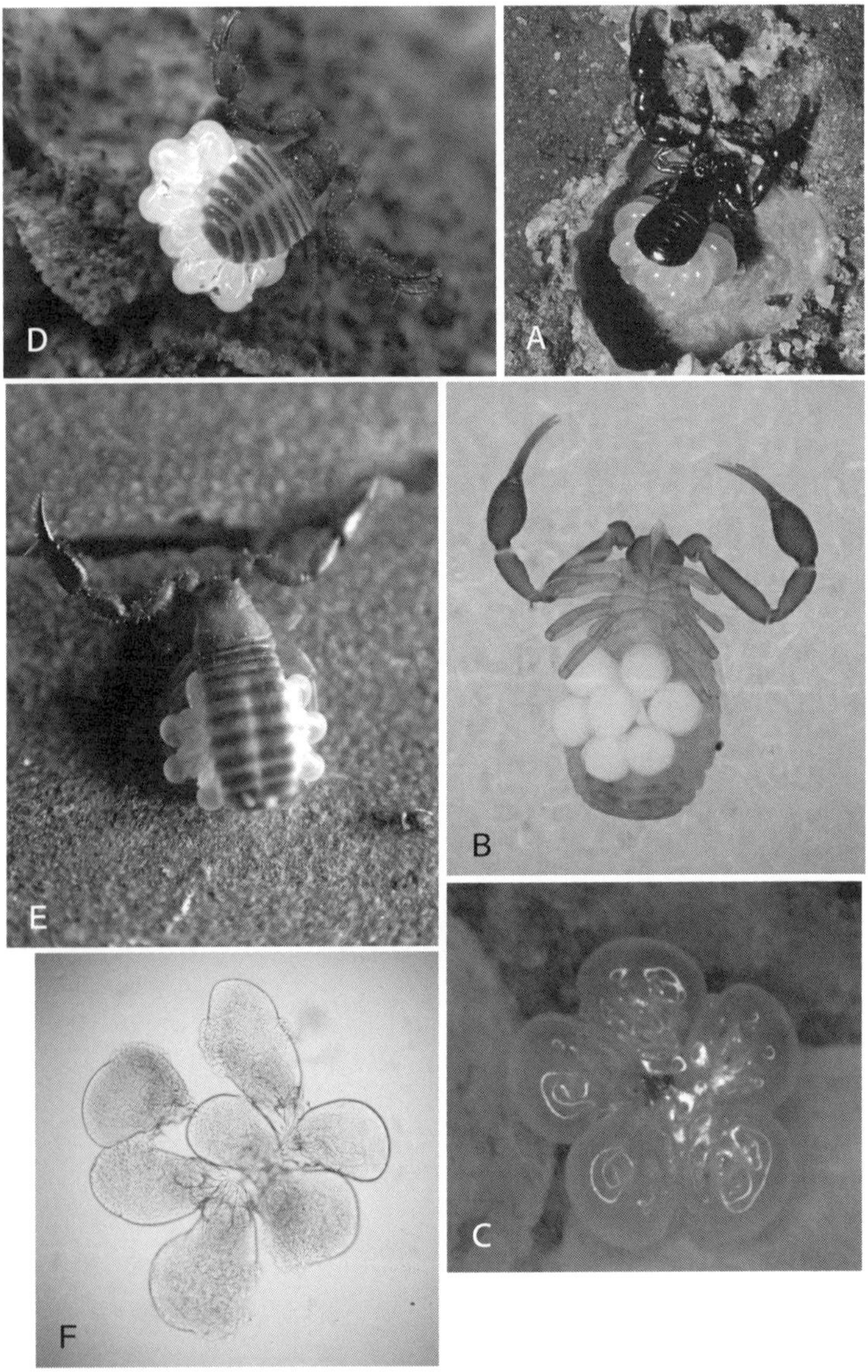

図1－16　いろいろなカニムシの抱卵と卵。A：コイソカニムシ、B：ダルマカニムシの一種、C：オオウデカニムシ、D：ツヤカニムシ、E：トゲヤドリカニムシ、F：ダルマカニムシの一種の卵

抱卵時期をねらって飼育していると、土壌性カニムシ類などは受精した雌が巣を作る様子を観察できる。しかし野外では、巣の周囲を砂粒やゴミなどで囲ってしまうため、直接観察することが難しい。シフティングやツルグレン装置でも滅多に採集できない。そこで、定期的に調査することによって第一若虫がいつ出現するかということからおおよその繁殖期を推測している。温度によってかなり大きな幅が見られるが、早いもので五月ごろから巣に閉じこもり、遅いものでは九月ごろまで続くと思われる。また、その間に成熟期が異なる複数の集団が存在する可能性も示唆されている(坂寄二〇〇一、佐藤一九八八)。

ヤドリカニムシやウデカニムシの仲間は、関東地方では七月の中旬から抱卵個体を観察することができ、八月の中旬には完了するようである。ただし東北地方などでは八月の中旬から下旬にかけて抱卵が観察できる。興味深いのはオオヤドリカニムシで、ネズミやモグラの巣の中で生活し、五月ごろから十一月ごろまで抱卵する可能性がある(佐藤未発表)。また南西諸島や小笠原諸島では五月ごろすでに抱卵が確認されている種がある。同じ種でも地方によって、数カ月のずれが生じると見られる。

興味深いのは樹上性のオオウデカニムシである。非常に狭い空間に生息するため、卵がロゼット状に膨らむことができない。そのため卵数も少なく二~五個程度であり、扁平である。発生が進んで第一若虫が誕生する少し前に、雌は卵を切り離して巣から出てしまう(**図1-16C**)。残された胚は成長して第一若虫になると、巣から出て自由生活者となる。抱卵巣を観察すると、卵殻が残されていて、卵数を確認することができる。

参考のために**表1-2**の上段には日本産カニムシ類の抱卵数、下段に第一若虫の出現から推定した土壌性カニムシの抱卵時期を掲載しておくので参考にしていただきたい。

表1－2　上は雌１個体あたりの抱卵数、下は定期調査から推定される土壌性カニムシ類の抱卵時期（第Ⅰ若虫の直前が予想される抱卵時期）

種　名	抱卵数（＊は平均　＊＊は産卵数幅）	観察者
カブトツチカニムシの１種小	4.6*、 2～7 **	佐藤
カブトツチカニムシの１種大	12	佐藤
ツチカニムシの仲間	9～15**	ヴェイゴルト
コケカニムシの仲間	15～25**	ヴェイゴルト
チビコケカニムシ	13	坂寄
アカツノカニムシの１種	32	佐藤
ミツマタカギカニムシ	12	佐藤
コイソカニムシ	21	佐藤
ダルマカニムシの１種（沖縄）	5.8*、3～7**	佐藤
ダルマカニムシの１種（小笠原）	7.5*、4～10**	佐藤
オオウデカニムシ	4.0*、2～5**	佐藤
ウデカニムシの仲間	3～5**	ヴェイゴルト
テサグリカニムシの仲間	15～25**	ヴェイゴルト
トゲヤドリカニムシ	12.7*、6～21**	佐藤
オオヤドリカニムシ	21.9*、17～28**	佐藤
イエカニムシの１種	20～40**	ヴェイゴルト

定期調査から推測される土壌性カニムシ類の抱卵時期（第Ⅰ若虫誕生の直前が予想される抱卵時期）	
種名(調査した標高)	抱卵の推定時期
カブトツチカニムシ(500m)	5～6 月、8 月
オウギツチカニムシ(500m)	5～6 月、9 月
ムネトゲツチカニムシ(40m)	5～7 月
アカツノカニムシ(40m)	11～3 月
アナガミコケカニムシ(1,500m)	7～8 月
ミツマタカギカニムシ(40m)	5 月～7 月
フトウデカギカニムシ(2,000m)	6 月～8 月

コラム1　カニムシの形質異常

トンボ、セミ、チョウなどの空を飛ぶ動物は、脱皮に失敗して羽根に異常をきたすと飛べなくなり天敵に襲われる機会も多くなる。そのためだろうか、羽根の形質異常を見ることは滅多にない。もちろん羽化の途中には時々見かける。子どものころは、よく羽化させることに失敗した。狭い容器に入れて虫が羽根を伸ばせなかったり、密度が高すぎたためである。羽化に失敗した昆虫たちは、残念ながら自然環境の中で生きるのは難しい。

これに対して、カニムシは成虫でけっこう異常が記録されている。とくに、背板の形質異常はヨーロッパなどではかなり報告されている。多分、背板の形が多少いびつになっても生活には支障がないのだろう。チュルチッチ（一九八八）によれば、背板の形質異常には欠損、過剰、萎縮、拡大、融合、傾斜などが記録されている。これまでに二二種が記録されており、多くの科にまたがっている。また彼によれば、形質の異常は圧倒的に成虫に多いことから、おそらくは脱皮の際に何らかの不具合が生じたのではないかと推測している。佐藤（一九九二）も日本から二例（イソカニムシとオウギツチカニムシ）を報告している。今回、新たにイソカニムシ、オオヤドリカニムシ、ツチカニムシの一種、クロカニムシの一種で形質異常を観察することができた。これらはいずれも腹部背板の関節がずれたり融合するか、数が異なったりする例である。すべて背板の異常であり、これが生活に重大な支障をきたすことはなさそうに見える。チュルチッチが行った東欧の調査結果に比べて、日本では形質異常は非常に少ないといえる。その写真の一部を紹介しておきたい。

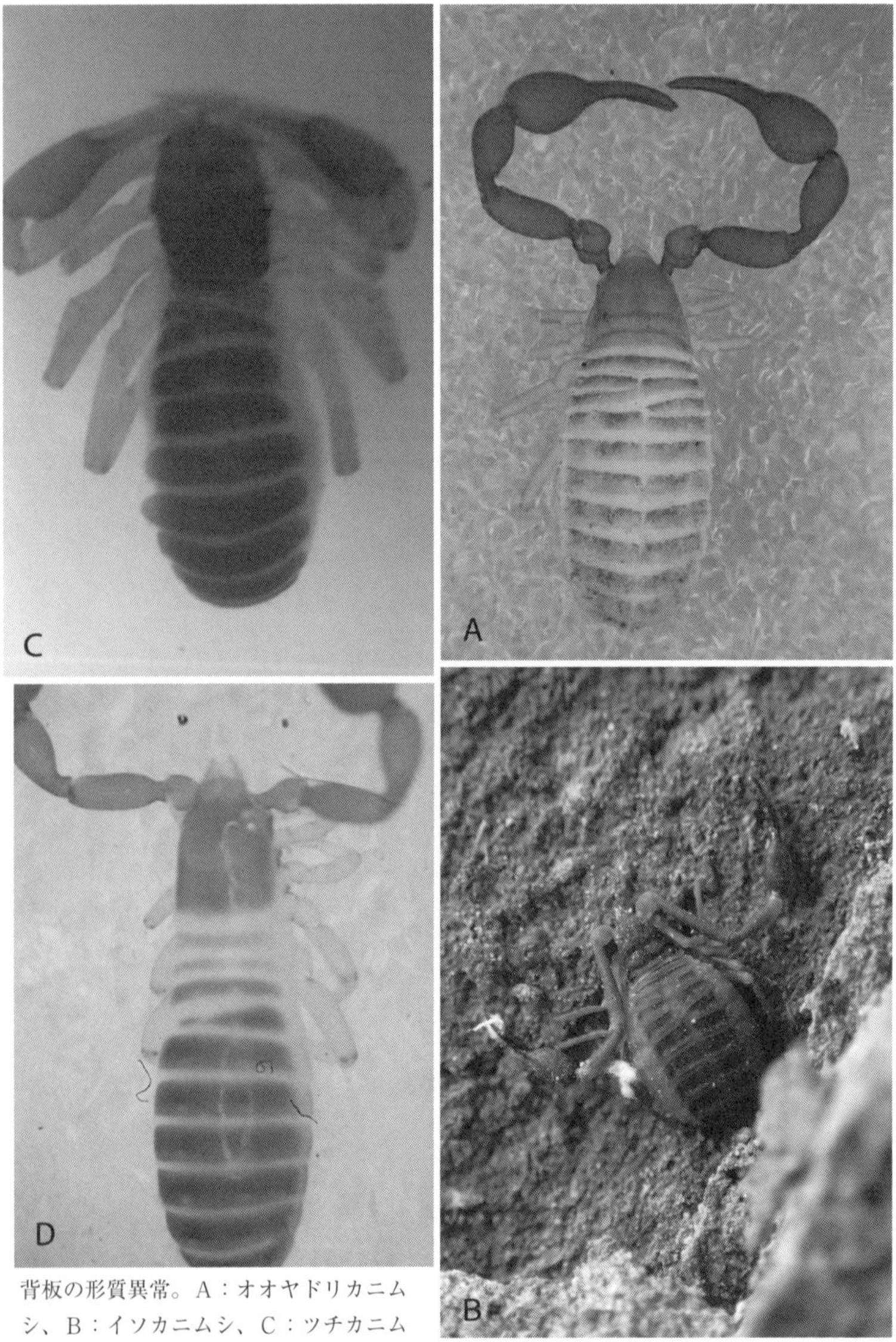

背板の形質異常。A：オオヤドリカニムシ、B：イソカニムシ、C：ツチカニムシの一種、D：クロカニムシの一種

コラム2　大学生が描いたカニムシ想像図

仕事の関係上、保育者を志す女子大生に動物の絵を描かせることが時々あった。何年か前に四本脚のニワトリの絵を描く大学生が話題になったことがある。まさかとは思ったが、学生たちに試したら本当だった。私の試した例では、少ないときで五%、多い時には一五%もの学生がニワトリに四本の脚を描いた。それ以来私は、必ず授業の中に動物園での観察を取り入れることにした。

全学対象の授業があったので、ちょっといたずら心を出して大学生たちにカニムシの絵を描いてもらった。もちろん、知らないものは描きようがない。そういう学生には、名前から連想する姿を適当に描いてください、と伝えた。これがなかなかおもしろかった。

実際には一〇〇枚以上あるのだが、全部掲載すると紙面が足りないので、印象深かったものの一部を掲示してみよう。歩脚の数は四本、六本、および多数。ハサミを持っている姿も多い。中にはムカデやダンゴムシのようなものもいる。たいていはカニムシのカニという言葉に引きずられてハサミを描く。またムシという言葉に影響を受けて昆虫のように六本脚にする。カブトムシにハサミを持たせたような怪獣を連想させる絵には笑ってしまった。他にも、カニやエビに似たようなものや、なぜかムカデやダンゴムシ風な姿だってある。たぶん、過去の体験を重ね合わせたのかもしれない。

一つ残念に思っていることがある。それは、学生たちが何を連想して書いたのか、という設問を忘れたことである。多分カブトムシ風に書いた学生は、ムシといえばそれを連想したのに違いない。連想したムシにどん

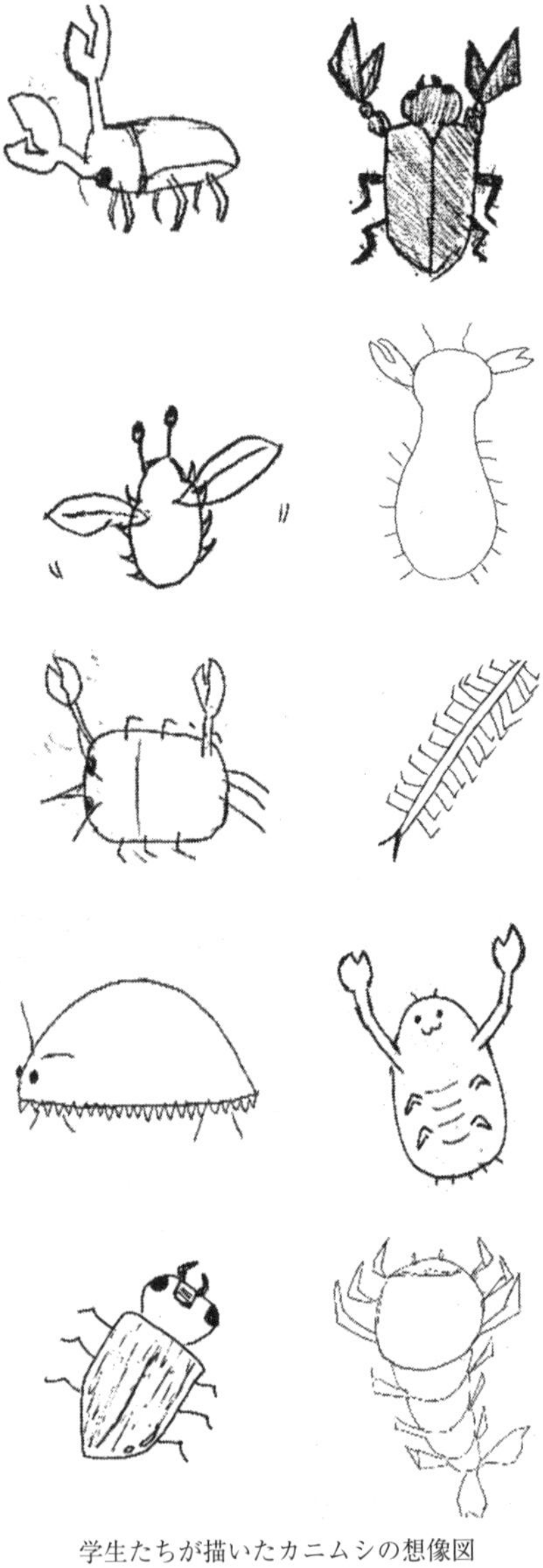

学生たちが描いたカニムシの想像図

なものがどれくらいの割合であったのか、この研究は幻となってしまった。

ちなみに、私が初めて見た女子学生の書いたおもしろいムシの図は青木淳一著『ダニの話』が最初であった。島野智之著『ダニ・マニア』という本にも女子学生のダニの絵が掲載されている。それらと比較すると、私が描かせたものにはハサミが描いてあるものが多い。やはり、カニムシという名称が彼女たちに影響を与えたのであろう。ついでにカニグモの絵を描かせて比較したらどんな結果が出ただろうか。そう気づいた翌年、この授業は廃止となってしまった。

コラム3　カニムシグッズ

研究開始の動機のところで述べたように、カニムシは当時ほとんど世間に知られていなかった。それが、二〇〇〇年を過ぎたあたりから少しずつ広がり始めた。おそらく、土壌動物が教科書に取り上げられるようになったことが大きいと推測される。その後、形態や行動のおもしろさから愛好家が増えてきたような気がする。加えて人畜無害、というところも好まれる要因かもしれない。しかしまさか、カニムシを材料として商品が作られる時節がこようとは夢にも思わなかった。

私が知る限り、カニムシグッズが最初に作られたのは松村しのぶ氏の手によるテナガカニムシのフィギュアであろう。私もいただいたがなかなか見事に再現されており、お気に入りの一つだ。

その後、いくつかのグッズを入手している。写真家の吉田譲氏にはハサミの部分がクリップになって体がマグネットになった紙バサミおよびカニムシのコースターを頂戴した。紙バサミの方はあまのじゃくとへそまがり氏というおもしろいペンネームの方によって作製されたという。コースターは、いずもり・よう氏が制作したものだと教えていただいた。また、カニムシの手ぬぐい、土壌動物を染めた風呂敷にカニムシが含まれているもの、などが深沢優里氏によって制作され販売されている。制作者の皆さんの了承を得てここに写真を掲載しておく。

外国を見渡してみると、イギリスなどでは写真入りの検索パンフレットなどが作られているが、カニムシグッズ的なものは見当たらない。おそらくカニムシに関係する作品がこのような形で制作されているのは、世界

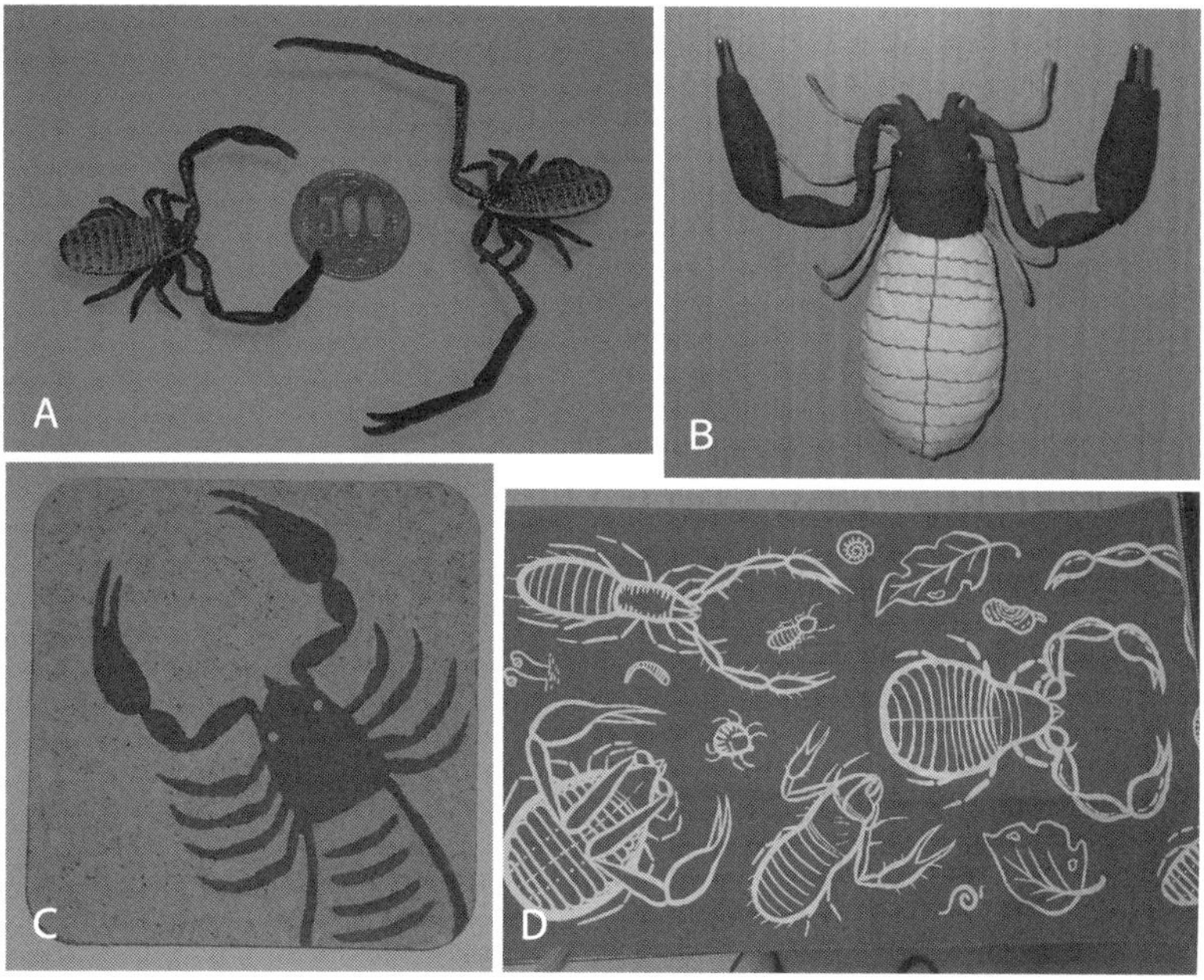

カニムシグッズのいろいろ。A：テナガカニムシのフィギュア（松村しのぶ氏）、B：マグネット付きメモホルダー（あまのじゃくとへそまがり氏）、C：カニムシコースター（いずもり・よう氏）、D：カニムシの手ぬぐい（深沢優里氏）

広しといえども日本だけではないかと想像している。そういえば、クマムシのぬいぐるみなども販売されていて、私も一つ持っている。これらの動物の持つ魅力もあるだろうが、その背景には何か日本独特のムシ好き文化のようなものが潜んでいるのかもしれない。

　興味のある方は、ネットで購入できるだろうから問い合わせてみてはいかがだろうか。

第二章　カニムシに至る道

私がこの目立たない奇妙な生き物と出会ったのは二十五歳のときである。カニムシ研究にたどり着いて試行錯誤していく過程を述べてみたい。私なりの生き物とのふれあい経験に少し触れながら、カニムシに出会い、研究を始めるまでの道のりである。

①生き物好きからカニムシへ

幼いころを過ごした私の故郷は、あふれんばかりの自然に囲まれていた。家の前には杉林がうっそうと茂り、裏にはススキの原が広がっていた。とくに夜の闇はまさに魑魅魍魎《ちみもうりょう》の世界のように感じられ、子どもにとって恐怖の対象であった。と同時に、好奇心を満たしてくれる神秘の世界でもあった。

そんな中で野生児のごとく育った私だが、確か中学二年の時に転機が訪れる。大学生の兄が帰省した折、捕虫網と標本箱そして小さいながらも色刷りの蝶類図鑑を持ち帰ったのだ。これがきっかけで博物に対する興味が芽生えた。父に動物図鑑をねだったところ、若いころに父が使ったらしい昭和初期発行の使い古された動物図鑑と植物図鑑を手渡された。難しい漢字がびっしり書いてあり、聞きながら読んだのを覚えている。私の悪戦苦闘を哀れに思ったのか、しばらくすると父は青少年向け原色動物図鑑を買ってくれた。それを足掛かりに、私はチョウの採集や動物観察に熱中した。学校の勉強どころではなくなったが、何とか希望の高校に進学できた。

高校二年の前半まではチョウの採集に夢中になったが、同級生が文化祭に展示したおびただしい数のギフチョウに疑問を抱き、これを境にチョウの採集をぴたりとやめた。かわりに鳥の観察とその羽毛拾いに熱中した。また植物も大好きで高山植物を探し回った。顧問の先生と一緒にミズバショウを観察し、近所の崖で湿生植物などを探し回った。タヌキモの不思議な姿に魅了されたのもこのころで、今でもベランダの水槽に浮いている。近所の山に登れば、高山植物もけっこう観察できた。

高校二年の初秋だったと記憶している。図書委員になって図書館の書架を静かに眺め歩くのが好きだったが、そのとき偶然井上丹治著『ミツバチの世界』(一九六二)という小さな本を手にしたのである。これをきっかけに私はミツバチの世界へ一気にのめりこんでしまった。そんなわけで、ミツバチ研究ができる大学に入った。私なりに頑張ったつもりだったが、卒論は研究といえるほどの内容には至らなかった。

なんだか物足りないので、修士課程に進み、モンシロチョウの研究に没頭した。最初は先輩たちのやり残した実験の続きをやっていたのだが、事後処理のような気がしてしっくりこなかった。気まぐれに、実験終了後のチョウのうずまき状口吻をちぎって反応を見たり、腹部をハサミで切ったり、あまり感心できないことをして気を紛らせていた。ところが、これらが修士論文の研究テーマとなってしまった(サトウら 一九七三、クサノら 一九八六)。朝から晩まで、研究室にこもって実験を繰り返すことに充実感を覚えた。

そうは言うものの、研究を続けるつもりはなかった。卒業したら故郷で農業高校の先生になって、ミツバチの里のような理想郷を作りたかった。残念ながら教員試験に落ちてしまい、夢は儚く消えた。なんとか食べていかねばと焦っていたら、運よく横浜の女子高校から声がかかって教師になることができた。

教師生活は楽しかったし、部活動も熱心にやっていた。しかし、半年ほどするとその生活になぜか満たされないものを感じるようになった。この空疎感の源をたどると、「自然」という言葉が浮かんできた。どうやら動植物とのふれあいが不足しているらしい。そこで、仕事を活かしながら自然にどっぷり浸って楽しむにはどうすべきか、と思案した。迷った結果、研究を再開するという結論に達した。研究を通して、自然のすばらしさを生徒たちに伝えられたら充実するだろう。

では、具体的にどのようなテーマを選んだらよいのか。最初は大学のときに手がけたミツバチ研究を考えたのだが、管理職に申し出たところ即座に却下されてしまった。生徒が刺されて死んだらどうする、というわけだ。当時、ミツバチの群れが人を襲って大混乱に陥るという映画があり、それが影響していたかもしれない。

誰も知らないものをやりたい

チョウやトンボは愛好者が多くて、騒がしそうだ。どうせやるなら誰もやらない静かなテーマにしてはどうか。そう考えて何かおもしろいテーマはないだろうかと、フィールドに出て探しまわった。最初はカマドウマの行動をやろうかと思った。捕まえてきて水槽に入れて飼育すると、なかなかかわいい。次に考えたのがドングリにつくムシの研究である。これはしかし甲虫なので、愛好者が多いのではないかと勝手に推測して諦めた。後に、草笛の研究をするようになって、このテーマが非常におもしろいことに気がついた。虫食いドングリがステキな笛になるのだ。その他、小川の水生生物とか、樹皮下の生き物とか、あれこれと模索していた。春休みが近づいたある日、日頃考えていたことをノートに整理してみると、以下の六項目に集約できた。

①現在誰も研究者がいないこと
②お金がかからず場所をとらないこと
③おもしろいこと、かわいいこと
④外国語の文献が少ないこと
⑤役に立たないこと
⑥全国の自然を満喫できること

とくに⑤はちょっと笑われそうな内容だが、人と同じことをやりたくない、というへそ曲がりな精神が影響していたのかもしれない。とくに、役に立たない研究を目指す、という項目が時代に逆らっているような気がして楽しくなった。

カニムシってなんだ

ようやく方針が決まったが、テーマにぴったりな動物がなかなか見つからない。どうしたものかと思案していたとき、学生時代にお世話になった恩藤芳典先生が頭をよぎった。すぐに先生と連絡をとると、ちょうど一週間ほど後に上京されるとのこと。東京駅で待ち合わせ、私は先に並べたような厚かましい条件をお話しした。すると先生、ニヤッと笑って即座におっしゃった。

「それならカニムシをやりなさい。私の友人がカニムシで学位をとったはずだ。研究者は彼一人だから、私に紹介されたと言えば会ってくれるだろう」

「わかりました。ではカニムシをやります」

阿吽の呼吸で私は即決した。詳細は省くが、目標が定まってスッキリした気分になり、ご機嫌で職場に戻ったのを覚えている。

ところで、カニムシってなんだ？

実は恥ずかしながら、カニムシを知らないと言えなかったのだ。若気の至り、見たことも聞いたこともないのに「やります」と口走ってしまった。記憶をたどると、学生のときに研究室に伺った風景が浮かんできた。先生から、実体顕微鏡の下に小さなムシが佃煮のごとく重なったシャーレを見せていただいたのだ。この佃煮のごときものが、土壌動物と呼ばれるものであることは後に知る。確かあの中にハサミを持った奇妙なムシがいた。こいつはおもしろいぞ、と先生が強調しておられた。もしかしたら、あれがカニムシだったかもしれない。

ちょっと不安に駆られながら職場に戻ると、図書館に直行。動物関係の本棚を探すと、内田亨著『動物系統分類の基礎』（一九六五）が目に留まった。解説を読むと次のように書いてあった。

「カニムシ（擬蠍）

前体（頭胸部）は合一しているが、体節制が見られることがあり、柄部はなく、後体（腹部）には一二体節が見られ、後腹部、尾節は発達することがない」

図はない。ウワッ解読不能。皆さんはこの解説からカニムシの姿を想像できるだろうか。今の私なら、言い得て妙である、と膝を叩くところだ。分類学なんぞ面倒くさい、と軽蔑していた自分を恥じたが、後の祭り。そんな不勉強の私でも、クモなどに近い動物であることだけはわかった。

実は、この本から少し横に目を移せば、カニムシが掲載された図鑑もあった。せっかちで視野の狭い自分には見えなかったのだ。ともあれ、あれこれ想像してたどり着いた結論は、尻尾がないサソリのようなものらしい。これが限界であった。

私のカニムシ学ことはじめ

ところで、最初にカニムシをやったらよいと勧めてくださった先生は、そのとき先駆者がいるとおっしゃっていた。当時、松山東雲短期大学の学長をしておられた森川国康先生である。研究を決意した私は、すぐにお手紙を差し上げた。ところが、一カ月過ぎても二カ月過ぎても、返事が届かなかった。どうやら受け入れていただけなかったようだ。そうはいうものの、せっかく始めたカニムシの勉強をやめるのは悔しい。一人で挑戦しようではないか、と心に決めた。独学主義、と日記に書きつけたことを覚えている。

まず手始めに、文献を集めよう。幸いなことに、私が勤務していた高校には大学が併設されており、生物関係の文献がけっこうそろっていた。そこで、図書館に通って書架を渉猟し、カニムシが少しでも掲載されている本を借りてはコピーした。一つの文献を見つけると、末尾の文献リストをメモし、その中から必要と思われるものをリストアップしては複写依頼を司書の方にお願いした。ありがたいことに皆さんとても親切で、必要な文献を集めてくれた。今のようにネットで調べられる時代ではなかったから、外国の文献収集にはひどく時間を要した。

そうこうしているうちに秋になった。もう十月に入った頃、なんと森川先生から返事が届いた。天にも昇る気持ちで開封すると、長期旅行で外国に出かけていたため手紙を読むのが遅れてしまい、返事が書けなかったことが詫びてあった。そして自分の書いた論文をすぐに送る、とあった。忘れられていたのではなかった。そして数日すると、新種記載や解説文の別刷りが詰まった分厚い封書が届いた。

さっそく先生に電話をしてお礼を申し上げた。一度お目にかかりたい旨を告げると、ぜひいらっしゃい、というありがたいお言葉。悔しいことに、ノートを紛失してしまったのでそのときの詳細は不明だが、確か十一月の連休を利用して研究室にお伺いした。部屋いっぱいに並んだ文献、そして机上の顕微鏡が印象的であった。とても穏やかな話し方で、終始笑顔を絶やさない先生であった。「もうカニムシから離れて十年以上もたつので」と遠慮がちに言いながら、私の質問に丁寧に答えてくださった。また一部の標本を直接見せていただいた。なによりもうれしかったのは、文献をすべてコピーしてもかまわない、と言われたことである。確か数個の段ボール箱に詰めて自宅に送った。それらを少しずつコピーして並べると書架三段分になった。これを契機として、私の知識が一気に増えたのは言うまでもない。

そのとき、頂戴した日本産カニムシの分類について先生がまとめられた英語の論文（一九六〇）は、研究のバイブルとなった。さらに『動物系統分類学（第七巻中A）』（一九六二）から抜粋した擬蠍類の解説は日本語であったし、基本的な形態や生態などが手際よくまとめてあって、初心者の私にはうれしい限りであった。また、論文の文献リストには重要なものがたくさん含まれていた。その中にチャンバリン（一九三一）およびバイアー（一九三二）の総説があった。前者はカニムシの形態学と分類の基本についての詳細な図や解説が述べてあり、半年以上も謎だった雌雄の違いや、微細構造などについての問題もあっという間に解決した。後者はドイツ語ではあったが、一九三〇年ごろまでの世界のカニムシすべてがまとめてあり、日本産の種も含まれていて参考になった。

②試行錯誤の始まり

話を始めたころに戻すが、文献探索とは別に私はカニムシそのものをまず見てみたかった。運よく、実物を見たことがあるという同僚の高野光男さんと箱根に出かけて探すことにした。一日頑張って、たった一個体の収穫に過ぎなかったが、ひどく感動した。自宅に持ち帰って翌朝に確認すると、カニムシは干からびて死んでいた。こりゃあ失敗だと、容器ごとゴミ箱に捨ててしまった。今考えてみると、採集物の価値すらもわかっていなかったわけだ。勿体ないことをしたと悔やまれる。

数カ月の間は、地面に這いつくばって落ち葉を一枚ずつ剝がしていく、みつけどり法（ハンドソーティング法）に夢中になった。ほどなくして、篩にかけると簡単に採れる（シフティング法）、という話を聞いたので試すことにした。学校の実験室にあった地学用の篩を使ってみたが、重くて使い勝手が悪い。そこで、ホームセンターに行って園芸用の軽い篩を見つけて購入した。併せて、吸虫管や標本瓶なども順番にそろえていった。最初の失敗を繰り返さないために、七〇％エタノールも用意して採集物を液浸標本にするようにした。これらに加えて、温度計、ピンセット、ルーペ、メモ用紙などもそろえた。プレパラートを作るためにスライドガラスやカバーガラスも購入した。封入するためのホイヤー氏液は、当時は市販されていなかったので、文献を参考に自分で作った。

これらの他に、研究に必要なものとして双眼実体顕微鏡の購入計画を立てた。まだ就職して間がなく生活用品すら整っていない状態だったが、大学の払い下げ品を安く購入した。観察に問題はなく、カニムシの動く姿を直接観察できてうれしかった。さらに、その半年後には透過型の顕微鏡を購入した。図を描くためのアッベ描画装置もそろえた。と簡単に流したが、ここまで足掛け三年、試行錯誤の日々であった。文献も少しずつ集まってきた。ちょうど日本土壌動物学会が発足したので、入会した。

カニムシが消えた

探求心に火がついて、あちこちに出かけては手あたり次第採集をして歩いた。しかし、まったく採れない。初心者である私がちょっと探して見つかるほど現実は甘くはなかった。文献に書いてある通りにはいかないことを思い知った。つまり、カニムシはチョウのようにひらひら飛ばないし、カブトムシのように街灯に集まってはくれない。つまり、私たちの日常生活に顔を出してくれないのだ。だから、こちらから隠れ場所を探す以外に方法がない。文献には森や林の落ち葉の下と書いてあった。足しげく近所の公園に行っては林の落ち葉を調べて歩いたが、いくら頑張っても見つからない。少なくとも一〇回はさまざまな林に出かけたと思うが、成果はゼロ。一個体でもいいから採りたいと頑張ったけれども、いつも失望に終わっていた。しかしこの体験は、後に土壌環境とカニムシの生態分布を研究する際の重要なヒントを与えてくれた。実は、いないということも重要な研究成果となり得るのだ。このことに気づいたのはずっと後のことだ。その意味を理解してからは、たとえまったく採れなかったとしても調べた林の環境などの記録をとることにした。

またこんな失敗もあった。クラスの生徒が不祥事を起こし気が滅入っていたころのこと。職場の脇に大きなお寺があり、境内に原生林と見紛うばかりの立派なスダジイ林があった。うっそうと大木が茂って薄暗く落ち葉層も分厚い。人もほとんど立ち入らないようであった。試みに落葉を篩にかけると、ダンゴムシやムカデに交じってカニムシが見つかった。箱根のものと似ていて、背中や触肢がやや茶色っぽい。それにハサミの色が黒っぽい。発見に胸躍らせながらせっせと篩うと、一時間余りで一〇個体ほど採集できた。後にこの種はムネトゲッチカニムシだと判明した。これを使って小さな観察を始めることにした。午後いっぱいかけて採集してきたカニムシたちは、細長い管瓶の中をうろうろと歩き回っている。おそらく興奮しているのであろう、観察に入る前に、一晩そっと放置して落ち着くのを待つことにした。数個体ずつに分けてシャーレに入れ、蓋をした。さらに、湿った雑巾で覆って乾燥しないように配慮した。翌日の日曜日、いそいそと生物室に行き雑巾をめくってみて驚いた。カニムシがすべて消えていたのだ。この驚くべき現象に、私はあっけにとられてしまった。そこでシャーレを詳細に観察してみた。真横からみると、蓋にわずかな隙間が空いているように見える。そこで私は、もう一度カニムシを使って確認してみることにした。前日と同様、シャーレに入れたカニムシを用意した。せかせかと歩き回り、側壁も登るし天井も逆さになって歩く。観察を続けていると、一個体が奇妙な行動を始めた。ハサミを蓋の隙間に何度も差し込もうとするのである。ルーペで観察すると、長い感覚毛を盛んに動かしている。カニムシはしばらくさぐる行動をしていたが、ある場所に来たときハサミがすっとシャーレの隙間に入った。すると、カニムシは体を入れて、するりと外に抜け出してしまったのだ。どうやらハサミが入るだけの隙間があれば、体を通過させられるらしい。他の個体もハサミを突っ込んでは、次々と脱出してきた。カニムシを飼育するときは、隙間のない容器を使う。失敗からこれを学んだ。

次のようなしくじりもあった。落葉の中から採集した個体を、ガラス瓶に入れて一晩放置しておいた。すると次の日、どの個体も死んで干からびてしまっていた。バッタなどと違って、土壌生物は乾燥に極端に弱いことを知った。あれこれ試してみたところ、湿った落葉のかけらを入れておくだけで、乾燥による死亡は防げることがわかった。この体験も、後に湿度に対するカニムシの耐性を考えるうえで役に立った。

採取してきた落葉の袋を実験台に並べて置いたところ、翌日の朝日でサンプルがホカホカに温まっていた。慌てて調べてみたら、中の生き物たちは全滅であった。このことから、温度の急激な変化が土壌動物に壊滅的な打撃を与えることを知った。落ち葉が木々によって直射日光から守られている、ということの重要性に気づくことができた。その後は、サンプルや飼育容器を日陰の風通しがよい場所に置くようにした。

このように、一人だけで研究していると、初歩的な失敗もそれだけ多くなる。しかしそのぶん、失敗が後の研究に役立った。先生から手ほどきを受ければいいじゃないか、と笑われそうだ。しかし私は可能な限り一人で調べる道を選んだ。稚拙に見えるようなしくじりを繰り返しながら、一つ一つ実感を伴った知識として蓄積していくことに、私は充実感を覚えていた。ひどく能率の悪い研究生活ではあったが、そこから学ぶことは多い。新しい世界が広がることに対する楽しみと充実感があった。

歩く速さはどれくらいか

こんな失敗をする中で、小さな観察を試みた。隠れ場所を探して歩き回るときのカニムシの速さを調べてみようというのだ。文献を見た範囲では、歩く速さを具体的に測定した人はいないようだ。私は二枚のグラフ用紙を用意し、一枚の上にカニムシを入れたシャーレを置いた。もう一枚は、鉛筆を持った手で歩いた距離をトレースするのだ。時計をにらみながら、十秒間に歩いた距離を一回の測定値として、これを四〜五回繰り返し、さらに五個体について試してみた。供試したムネトゲツチカニムシは近くのお寺で採集した。

十秒あたりの平均速度は四㎝（正確には三九・六㎜）であった。ということは、一秒あたり四㎜程度。

時速に直すと一四・四ｍだ。ナメクジなどよりはずっと速い。とはいうものの、大型のダンゴムシやヒメフナムシに比べればかなり遅い。トビムシのようにぴょんと跳ねる瞬間移動もない。

次はカニムシならではの前を向いたままでシュッと後ろに飛びのく、あのユーモラスな「アトビサリ」行動を測定してみることにした。しかし一瞬の行動なので速度の計測は断念せざるを得なかった。今ならビデオカメラなども安価に入手できるが、当時はそんな方法も使えなかった。仕方がないので、アトビサリした距離だけを測定してみた。すると、平均四㎜弱（三・七二㎜）と出た。体長が一㎜半ほどの種だから、一瞬で体長の三～四倍ほど後退する。人間に置き換えれば、四～五ｍ以上飛びのく計算になる。

この測定結果は、後に大幅に修正することとなった。たとえば、オウギツチカニムシなどは非常に素早い。後退の距離は三㎝以内が多いが、時には五㎝を超えることもある。体長が一㎜程度のカブトツチカニムシでは長くても二㎝以内がほとんどだ。ミツマタカギカニムシなどでは、二〇㎝以上も（時間は二～三秒かけて）長々と走ることもあった。一方で、樹上性の一部の種などでは、刺激しても少しだけいやいや後退するという印象であった。

土壌性カニムシは通常、落ち葉が複雑に重なった狭い空間（孔隙）に潜んでいる。したがって、実際にはそれほど長距離を後退することはないだろう。せいぜいサッと身をかわす程度ではないだろうか。その意味では、後退する距離よりも回転したりハサミを敵に向ける素早さの方が実用的なのかもしれない。一方、樹上性カニムシでは、潜んでいる孔隙が狭いので素早く後退することはできないし、またその必要もなさそうだ。概して歩脚が短い種ほど、あまり素早くアトビサリできないようだ。

カニムシは土に潜るか

次に、土壌性カニムシは自ら土を掘って潜れるだろうか、という素朴な疑問について試してみることにした。土の中で生活するのだから、ミミズやケラのように自ら穴を掘って棲み場所を確保するのかもしれない。もしそうならば、どれくらいの能力があるのか確かめてみたい。それとも、自然にできた落葉層の間に存在する空間を利用するに過ぎないのだろうか。

理科実験室にあった孔径〇・五㎜、一㎜、二㎜の篩を使って粒の大きさが異なる土壌を用意し、それらをシャーレに一㎝ほどの厚さに均等に敷き詰めた。せっかくなので、一緒に採集したササラダニ、ワラジムシ、ヨコエビ（ヒメハマトビムシ）も試してみた（いずれも種は不明）。カニムシとササラダニ（イレコダニの仲間）は一〇個体ずつ、他は五個体ずつである。夕方に設置して翌朝の様子を確認した。

その結果、カニムシは一〇個体のうち九個体は潜ることなく表面をうろうろしていた。一個体だけ見当たらなかったので「もしや潜ったのでは」と期待したが、よく観察すると干からびた死骸が砂粒の上に転がっていた。ササラダニは穴を掘ったというよりも小さいため土壌の隙間に潜りこめた印象であった（葉の中を食べながら穴を穿つことはあるようだ）。ワラジムシは、穴を掘ったというよりも、もぞもぞ動いているうちに土が掘れてしまったようだ。ヨコエビはまったく潜っていないし、潜ろうとした形跡もない。ということは、カニムシを含むいくつかの土壌動物は、穴を掘らず自然にできた孔隙を利用しているに違いない。

念のためにカニムシの行動を双眼実体顕微鏡下で観察してみると、触肢を使ってしきりに隙間を探している様子がうかがえる。決して穴を掘ろうというしぐさは見せない。なるほどカニムシが落葉層を好む理由が納得できた。畑のような落葉のない場所では生活できないのだ。自然林の土壌は孔隙が多く、カニムシをはじめとして多くの土壌動物の生息環境を提供している、というごく当たり前ではあるが重要なことが実感できた。

一緒にしちゃいけない

夏の暑い日の採集だったと記憶している。落ち葉をポリ袋いっぱいに採取して、道端にどっかりと腰を下ろした。おもむろに白布を広げ、落ち葉を少しずつ篩にかける。カニムシを見つけると吸虫管で吸いとる。うれしいことに、この日は今まで見たことのない大きくて黒い種類と小さな白っぽい種類が採れた。三十分くらい熱心に採集した後、吸虫管からカニムシをアルコール瓶に移そうと思ったとき、首をかしげた。一個体少ないのである。逃げたのだろうか、と思ってよく見ているうちにあっと驚いた。大きいカニムシが小さい方をくわえて（鋏角に挟んで）いたのである。くわえられた方は死んでいるとみえて、身動きしない。そのとき初めてカニムシの仲間は共食いするのだと気づいた。これまで見た文献に、共食い（ここでは異種間同士の捕食も含む）について述べられたものはなかった。貴公子然とした姿で仲間を食べるという事実に驚いた。しかしその後の観察で、共食いは高密度状態では頻繁に起こることがわかってきた。気づいてみれば、捕食性昆虫などではよく普通に見られる行動だ。

私は吸虫管を使うのをやめた。トビムシやダンゴムシなどの採集には必須アイテムといってよい吸虫管だが、共食いが起こるカニムシには適さない。といってムカデのように大きくないからピンセットを使って採集するのも難しい。

あれこれ試してみて最後にたどり着いたのは、小枝の先に付着させるやり方であった。アルコールで濡らした小枝で背中から軽く触れると、カニムシが付着する。その枝を標本ビンの中に入れて振れば落ちてくれる。この方法を見つけたのは、妻の父である。霧島山麓でシフティングをしていたときのこと。私が悪戦苦闘をしているのを見ていて、ひょいとやって見せた。その後、標本ビンが手近にないときは指に唾をつけて動かなくする方法も覚えた。この方法は、とくに樹上性のカニムシでは有効である。まごまごしていると、隙間に潜り込んでしまうから、発見したらすぐに指をなめてカニムシを付着させて捕まえることが効率的である。あまりスマートなやり方ではないが。

ツルグレン装置を作れ

土壌動物学会に顔を出すようになって、もう一つの採集方法があることを知った。調査方法のページを開くと、必ずツルグレン装置やベルレーゼ漏斗について解説してある（第四章③「カニムシを飼ってみよう」参照）。この装置は、光や乾燥に対する土壌動物の負の走性を利用したものだ。漏斗の上に落葉を入れた網かザルを載せ、上から電球を照らす。するとムシたちは光と乾燥を嫌うから下に落ちていく。下にアルコール瓶を置いておけば、労せずムシを採集できるというわけだ。これを使えば採集の効率は格段に上がるらしい。とくに小さな個体では圧倒的な力を発揮するという。カブトツチカニムシなどは成虫でも一㎜程度しかないから、第一若虫などはよほど目を凝らさないと肉眼では見えにくい。もしかしたら、それらを一網打尽にできるかもしれない。この話を聞いて、どうしても作りたくなった。

ツルグレン装置は、当時は販売されていなかった。また、研究者によってその形状や、メッシュの大きさなどがまちまちであった。小型の動物を扱う場合には直径一〇㎝程度の小さいものが多く、多足類などでは大型のものを使う。では、カニムシはどれくらいの大きさが適当であろうか。あれこれ考えたあげく直径五〇㎝の大型装置を設計し、近所の板金屋にお願いして作ってもらった。スチール製の大きな棚を購入し、ツルグレン装置を三つ並べて三段重ねにした。照明用の電球・ソケット・傘などは秋葉原の電気街で調達して組み立てた。二間しかない借家の軒下になんとか設置し、雨除けとして波トタン板をかぶせ、横は園芸用の厚い透明ビニールで覆った。

はじめて装置に落ち葉を入れて、サンプル瓶に落ちたムシを実態顕微鏡でのぞいたときの感動は忘れられない。肉眼で見える大型のムカデやダンゴムシに交じって、無数のダニやトビムシその他の小動物たちがまさに佃煮のごとく重なっていた。もちろんカニムシも驚くほどたくさん採れた。それ以来、野外で落ち葉を採取して持ち帰り、自宅のツルグレン装置で抽出することにした。ただ装置が家の外においてあったため、冬など装置の中にネコが丸くなって居眠りしていることもあった。また台風の後など、隙間から入り込んだ雨水がサンプル瓶からあふれていたこともあった。そのたびに、被害を受けないように工夫を重ね、数年後には安定した。また、必ず予備のサンプルを用意するという教訓も得た（今は物置に設置してあるので雨やネコの心配はない）。

装置を試しながら、研究に適した場所や一回に採取するサンプル量を模索した。はじめは二五cm×二五cm×一〇cmの土壌サンプルを装置にかけ、自然乾燥させて落下状況（以下抽出と呼ぶ）を調べてみた。すると開始から八日目まではごくわずかの個体が抽出された。ところが、九日目あたりから急激に増えて、十七日過ぎに突然終了した。これに対して四〇W電球を用いると、一日目から抽出でき、わずか九日間で完了した。やはり電球の威力は絶大であった。その後さらに工夫を重ね、一回のサンプル量を二ℓ程度にすれば一～二日で抽出が済んだ。そのかわり採取するサンプル数は増やすことにした。この方が統計を取るうえでよりよい結果が得られる、というメリットもあった。

ツルグレン装置導入のおかげで、白布に這いつくばって目を凝らす苦労は少なくなった。それにシフティングと異なり目の疲れによる誤差が生じないから、同じ条件下での定量的な調査が可能となった。もちろん、初めて調査する場所では、カニムシの生息状況を確認するためにシフティング法を用いる。こうして、研究開始から五年近くを経て、少しずつ研究体制が整ってきた。

カニムシが多い森

篩取り法とツルグレン装置などを駆使して、私はさまざまな環境の土壌を調べ始めた。その結果、グラウンド・畑・草地・清掃された公園のような場所では、カニムシはまず採れないことがわかった。疎林では、仮に採集できたとしても種数や個体数が貧弱だ。

これに対して、自然林のような落ち葉が厚く堆積し温度や湿度が安定した森林からは、たくさんのカニムシが採集できた。それに加えて、極相林に近づくほど密度が高くなる傾向があるように見受けられた。カニムシは、新しい土地に真っ先に棲み着くフロンティア的な役割は持たないらしい。落ち葉層が十分な厚さに堆積し成熟した森に、ようやく入ってくる最終移住者といえるかもしれない。

森林の地表面は落葉だけではない。倒木や朽ちかけた枝や切り株、時には動物の死骸すら横たわっている。ツルグレン装置は使えないが、丹念にこれらを調べると落葉層とは別の種類が採集されることもある。季節によってはキノコ類の中から発見される。キノコをツルグレン装置にかけると、時にはトビムシやキノコムシに交じってカニムシも採れる。

石の下なども重要な調査場所である。ゆっくりと石をひっくり返して、そっとカニムシを探すのだが、採集時のワクワク感が味わえる。石を土台にして巣を作っているときなどは、巣の形状が観察できる。

その他の特徴として、植林された人工林（とくにスギやヒノキ）には少ない傾向にある。針葉樹の葉は孔隙ができにくいからであろう。また地表面が風や水で攪乱されるような場所も少ない。また、落葉が乾燥する場所では極端に密度が低いこともわかってきた。

土壌性カニムシは乾燥に弱い

そこで、乾燥に対するカニムシの耐性ついて調べてみることにした。代表的な土壌性種であるミツマタカギカニムシをさまざまな湿度条件下に置いて生存日数を調べてみた。餌の影響を排除するため、絶食状態で試した。一つの条件に一〇個体ずつ供試した。容器の中に水分を抜いたシリカゲルを入れて乾燥させた環境（ここでは〇%と仮定した）では、十二時間以内にすべて死んでしまった。これに対して、水を張った容器内を湿度一〇〇%と仮定して観察したところ、平均で四十日近く生き続けることができた。この結果から、孔隙の存在に加えて湿度がカニムシにとって重要な環境要因であることが見えてきた。

もう一つの重要な環境要因として、温度（地温）が考えられる。当時の私は、恒温器を導入するだけの予算も場所もなかったので計画的な測定はできなかった。ただ、室内飼育をしていた際に温度は測定していた。その結果から、気温が三〇℃を超えると生存が難しくなるらしいことは推測された。できればそれよりも低温であることが望ましいことが見えてきた。実際に野外で採集した時の地温を測定してみると、カニムシの多い場所はほとんどが三〇℃以下であった。ただしこれらの結果は温帯地域に当てはまるのであって、亜熱帯や熱帯ではこの限りではないと思われる。

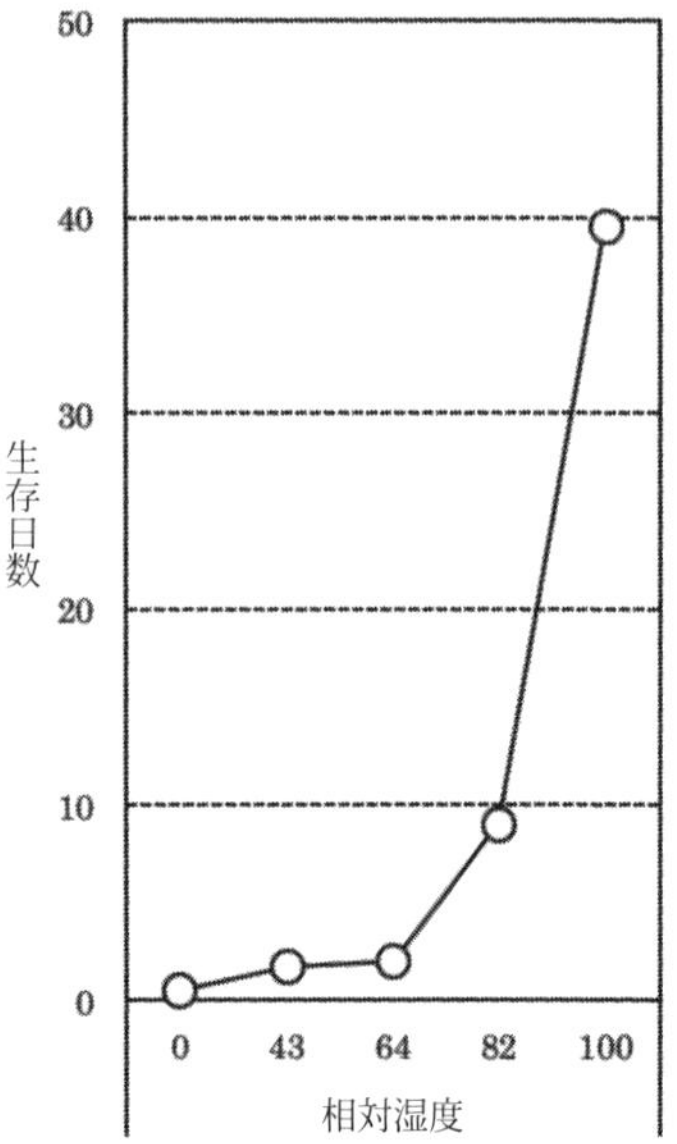

（各湿度ごと10個体の平均値、実験期間は11～12月）、佐藤（1980）より

図2－1 ミツマタカギカニムシの絶食状態における湿度（％）と平均生存日数の比較結果

③海岸性のカニムシを求めて

森から始まった我がカニムシ研究だが、少しずつ知識が増えてきて、関心がより広範囲に及ぶようになってきた。その一つとして海岸のカニムシが気になりはじめた。

日本にはイソカニムシという大型の種が知られている。図鑑には「本州青森以南、四国・九州にわたる」とある。これに加えて、コイソカニムシという興味深い種が生息するらしい。さらに驚くべきは、ウミカニムシという海岸の潮間帯に生息する種だ。この種は、なんと満潮時に水没する石下に発見される、とある。全身が毛に覆われていかつい感じがする。毛の間に空気を蓄えるのかもしれない。この他にも、採集記録がほとんどない種類もいくつか含まれていた（以上、森川 一九六五）。

海岸探索開始

いろいろな文献を調べているうちに、日本中のカニムシを全部そろえたい、という願望が芽生えてきた。多くの収集家がはまる夢である。それを実現するために、海岸性カニムシはぜひとも乗り越えなくてはならない対象だ。そう考えて、さっそく採集道具を持って出かけてみた。まず手始めに、砂浜の美しい湘南の海辺を歩きながら石を裏がえしたり、浜に打ち上げられた海藻をひっかきまわしてみた。しかし、残念ながらまったく見つからなかった。

次に、岩場を探してみることにした。砂浜に近い場所に波が打ち寄せる岩場があった。さっそく波打ち際を探し回った。岩の裂け目、と書いてあったことを思い出して、探して歩いた。しかしそもそも、潮汐帯の岩場には裂け目が少ないし、とても手で剝がせるようなところはない。もしかして、と思って岩場から少し離れた玉石が転がっている浜を探してみた。一日中探し回ったが、けっきょく努力は報われなかった。

その後も場所を変えてあちこち調べてみた。岩場はもちろんのこと、砂浜、礫の多い浜、打ち上げられた海藻の下、フジツボの間、打ち上げられた流木の下など。しかし、一年近くたってもカニムシを発見することができなかった。そんな折、ある例会に参加したときだったと思う。一人の先生から耳寄りな話を伺った。海岸性のカニムシを見たというのだ。話によると、海岸といっても波打ち際ではなく、それよりもずっと離れた崖の上だったという。どうやら私は、イソカニムシのイソという言葉にこだわりすぎていたのかもしれない。磯の動物、といえば潮だまりのような環境に棲むと考えてしまう。また原記載などを見ても潮間帯と書いてあり、波打ち際から離れた岩場のことはまったく意識になかったのだ。

イソカニムシ発見

入試や担任の仕事に忙殺され、すぐに採集に行くゆとりがなかったが、春休みに入ってようやく時間がとれた。暖かくて穏やかな日だった。この日は波打ち際から一〇m以上離れた崖に挑戦してみることにした。引き潮時に出現する標高一mほどの歩ける場所があり、それが尽きるところから急峻な崖になっている。足場がもろいうえに踏み外すと転げ落ちそうだ。水際の岩と異なり、岩はあちこちがボロボロに風化している。そこに根掘りを差し込んで剝がしていく。慎重に、少しずつ高い方へ移動していった。

出会いは突然やってきた。陽がよく当たる岩を剝がしたところ、ゴミに交じったカニムシの大きな触肢を発見したのだ。「大きい！」と思わず声をあげ、ハサミをそっとピンセットで拾い上げた。土壌性の小さな種しか見ていなかった私にしてみれば、それは巨大なハサミであった。それに加えて発見の興奮が作用したため、より大きく見えたのだろう。弓なりをした形状から見て、イソカニムシに間違いない。触肢をそっとサンプル瓶に入れ、ラベルに「海岸性カニムシ第一号」と書いて、ポケットにしまった。

これに意を強くして探し始めると、あっけなく生きている個体が見つかった。目の前に現れたその勇壮な姿は感動的であった。土壌性種と違ってあたふたと逃げ回ったりしない。悠々と岩に張りついたままである。そっと指で触れると大きなハサミをぐっと持ち上げてポーズをとった。私には「初めまして」とあいさつをしているかに見えた。

数個体採集したころだったと思う。なにやら白いものの中に潜んでいるイソカニムシを発見した。もしかしたら、これこそカニムシが作る巣かもしれない。そう気がついて改めて探してみると、同様の形跡があちこちにある。外側は砂やゴミ屑で覆ってあって区別しにくいが、ピンセットで穴をあけてみると内側は白い糸のようなものでコーティングされている。ルーペで観察すると、巣らしきものの内側には萎縮したカニムシの脱皮殻と思しきものも見つかった。

二時間ほど夢中になって採集した。一段落すると、春めいた暖かな日差しの中、座り心地のよい岩に腰を下ろして弁当を広げ、食べながら発見の喜びに浸った。そうはいうものの、無理な姿勢を続けたせ

図2–2　A：イソカニムシの生息環境、B：イソカニムシ、C：イソカニムシの脱皮巣

いだろう、足がガクガクと勝手に震える。また、石を素手で剝ぎ続けたせいで、指の皮がむけてひりひりと痛んだ。その感触すら心地よいのは、やっと出会えた喜びが大きかったからだろう。

コイソカニムシ発見

午後になって、もう一種類のカニムシを発見した。イソカニムシは平たく大きさも体長五㎜ほどであり、全体的にざらざらした感じがする。これに対して、新しく見つけた種類は小さくて二㎜ちょっとだ。体表は甲虫の背中のように光沢を帯びている。これはコイソカニムシに違いない、と直感した。

改めて剝がした岩を見直してみると、母岩にも剝ぎとった岩にも、ゴミと見紛うような小さな巣がいくつも付着している。そのうちの一つを針の先で開くと、脱皮殻と生きたカニムシが出てきた。イソカニムシよりも動きが素早く、日光に当たると慌てて走り出し、すぐに隙間に潜り込もうとする。この点は土壌性種に近い印象だ。

生息環境をさぐる

新学期が始まる直前の四月二日、妻を誘って海岸に向かった。前回の反省を活かし、岩を剝がせる道具（ミツバチ飼育用のハイブツールが役に立った）、手袋、標本ビンに入れるラベル、父の書斎から勝手に持ち出したクリノメーター、などを用意した。

妻に手伝ってもらい、できるだけ広い範囲を調べた。まずは波打ち際から少し離れた崖の始まりの部分を探し回る。すると、カニムシは驚くほど簡単に見つかった。そこから少しずつ崖の上に範囲を広げて採集していった。高さだけでなく、日向、日陰、水が滴る場所、波で削られた穴、周辺に転がっている崩れた岩、草や木の生え際、などできるだけいろいろな環境を選んで調べていった。クリノメーターを使って、崖の方角や傾斜角度などを測定して記録をとった。また、崖によじ登って、植物が生えている場所も含めて分布限界を調べた。

採集しながら、気がついたことがいくつかある。たとえば、脱皮に使われたと思われる巣は集中分布のような傾向がある。しかしそれは、集団生活をするというよりも隠れ場所に適した孔隙に集中するためだろう。調べた急斜面には、隠れるのに適した空間が少なかったからだ。カニムシたちは、わずかな孔隙に集中的に集まったのだろう。明確な縄張りは持たないようで巣が隣り合っていることもしばしばであった。

図2-3 A：コイソカニムシ、B：コイソカニムシの脱皮巣

また、ルーペで観察してみると、巣の中には脱皮殻と思われる体の一部（頭胸部、腹部、脚部、ハサミなど）がかなりの頻度で残っていた。乾いた岩の割れ目に生活しているため、腐らずに残されていたらしい。つまり、生活の痕跡を観察できるのだ。仮にカニムシ自体は発見できなくとも、巣を見つけられれば生息している可能性が指摘できる。

もう一つ、これまでの採集でおもしろいことに気づいた。イソカニムシは土壌性カニムシのように共食いをしないのである。後にわかったことだが、絶食状態にすればもちろん共食いは起こる。しかし、吸虫管で吸ったカニムシたちは、お互いにハサミを広げてあいさつのようなしぐさをするものの、攻撃に移ることはなかった。そのため、若虫と成虫を分けて採集する必要もなかった。

こうして調べた結果、イソカニムシとコイソカニムシは次のような環境に生息することが明らかとなった。

○海崖の岩の裂け目に多く見られる。海抜一m程度から二〇mあたりまで確認できる。

○岩が乾燥していて水などが入りにくい場所、または水はけのよい隙間を好む。したがって、日常的に波をかぶる場所や上から水が流れてくるような場所にはいない。

○海岸性の植物が根を張って土壌が形成されているような岩場には生息しない。

○縄張りなどは持たないようで、一つの間隙（裂け目）に多数の個体が集中していることも多い。群れ行動は見られない。

○体の大きさの関係で、小型のコイソカニムシは狭い隙間に、イソカニムシは広い隙間に多くなる傾向がある。

○岩の表面に直射日光が当たっても生息には問題がない。

○巣は岩の裂け目に作られるため、巣や脱皮殻も風化しにくく、それらの痕跡から生息する可能性を確認できる。

この調査結果は、後に海岸性カニムシを調べて回るときに大いに役立った。どこかの海岸で採集するとき、まず目標とするのは海崖のある場所である。地図などであらかじめ調べてから現地に行けば効率がよい。ただし、崖があっても岩が波に洗われて滑らかで、間隙が見つからないような場所は採集には適さない。サンゴ礁の岩場も間隙が見つけにくく、採集が難しい。また、海崖の崩落防止のためにコンクリートなどで表面を補強されるとカニムシは生息できない。さらに崖が砂などで構成されてもろく、崩れやすい場所にも少ない。

ただ、効率は悪いがこれらの場所でも探してみる価値はある。まれではあるが、偶然できた裂け目などから見つかることがあるからだ。また、磯に生息するタマキビガイの蓋の隙間にいたとか、砂浜に隣接するトイレの壁で採集されたという記録などもある（吉田哉氏による）。

イソカニムシとコイソカニムシは、和名が一文字違いなので近縁種ではないかと誤解されやすい。しかし前者はイソカニムシ科、後者はサバクカニムシ科に分類され、まったく別の仲間である。おそらくその生活史も異なると推測している。

生活史調べの問題点

海岸性カニムシは、限られた場所に集中的に生息している。そのため、一度生息場所を突き止めればあとは比較的容易に発見することができる。巣も見つかりやすいし、生態の観察も比較的行いやすい。いいことずくめのようだが、実は生活史研究を野外で実施するのは、そうたやすいことではないことがわかってきた。なぜなら、採集するためには岩を剝がすことになり、生息環境を破壊してしまうからである。そのため、たとえば各月ごとの齢構成などの変動を調べようとすると、広大な調査面積を必要とする。採集しすぎないよう、細心の注意を払って研究計画を立てなくてはならない。土壌の場合は、落ち葉を部分的に除去しても数年もすればカニムシ相は回復する。これに対して海岸は一度岩を剝がしてしまうと、元の環境が復元されるまでより長い年月を必要とする。剝がした後にそっと岩を元に戻す方法もないではないが、ほとんどうまくいかない。

これに加えて心配していることは、近年の海崖自体の減少である。これは昨今の工事などによって、岩場の多い海岸線が激減しているためである。地図を見ていただければわかるのだが、日本の海岸線の多くは道路が通っている。広い道幅を確保するために岩肌が削られてカニムシの生息環境が奪われてしまっているのだ。また崩落しやすい場所の補強工事によって、カニムシにとって棲みやすいが崩壊しやすい岩場が減少している。なんとか採集できる場所は、危険で立ち入りが難しい。

イソカニムシでは、二齢から成虫までの個体ならば年間を通して見つけることができる。ということは成体になるまで複数年を要し、いくつかの世代が重複していると推測される。単純に個体群の動態から生活史を推定するのは困難な作業であろうと推測する。

この難しさを補うのに飼育が有効だと思われる。土壌性カニムシと比較して環境変化に耐えられるから飼育が比較的容易なのである。室温でも飼育できるし、捕食行動なども観察しやすい。また抱卵などの観察も条件をそろえれば可能である。実際に牧岡（一九七七）は、飼育によるイソカニムシの胚発生に関する優れた研究を行っている。

まだ手つかずの海岸

海岸といってもその環境は多様である。これまで解明されたことはごくわずかに過ぎない。とくに日本において研究が進まない理由は、調査する人が少ないからである。先に述べた二種以外のカニムシについては、どこにどんな種類が生息しているのか、まだ明らかにされていないからだ。その可能性について、私の体験を交えながら今後の展望を少し述べてみたい。

伊豆諸島の砂浜を調査したときのこと。波が強くて漂流物も少なく、まさかこんなところにはいないだろうと、貝殻拾いに熱中していた。歩き回るうちに、打ち捨てられたセメント袋が砂に埋もれかけているのを見つけた。これを静かに剝いでみると、なんとトゲツチカニムシの仲間が見つかった。腰を据えてじっくり探すと複数個体を得ることができた。帰宅してから調べてみると、明らかに新種であった。しかしこの種はその後、まったく発見できなかった。三十年以上過ぎた、ある初秋の日曜日のこと。妻と一緒に海岸の石の下を調査してみようと出かけた。玉石が積み重なった浜で、一つ一つ石を動かしながら調べていた。この作業はけっこう面倒だし疲れる。そのため、過去に何度か挑戦してみたことはあったが、それほど熱心ではなかったかもしれない。その日は二人だったので、他愛ない会話をしながらじっくりと探すことができた。たまたま、岩盤の上に石が重なっているところを調べていると、トゲツチカニムシの仲間が発見できた。湿った玉石の裏側にうずくまっている。石ごと明るい場所にかざすと慌てて逃げ出すので、写真を撮ることが難しかった。しかし、二時間ほどの間に一〇個体以上採集することができた。帰宅してプレパラートを作製してみると、かつて伊豆諸島で採集したものと同じ種であることが判明した。ここならば、季節消長も見られるかもしれない。そう期待したが、現実は甘くなかった。翌年また出かけてみたところ、台風の影響でそこはゴミの山と化していた。探してみたけれどもカニムシはまったく採集できず、がっかりした。こういうことはよくある、と自分に言い聞かせながらさびしく帰宅したのを覚えている。

長崎県のある島では、深い入り江の奥に波よけとして積んだ石垣が目に留まった。ちょうど手で持てる大きさなので、その中の一つを静かにひっくり返すと、やはりムネトゲツチカニムシに近い種類が一個体だけ見つかった。次を期待してしばらく探してみたが、それ以降はまったく見つからなかった。石を元の位置に戻して、いつかまたリベンジすることを誓いつつ現場を離れた。

グアム島では浜に打ち上げられたサンゴの隙間からコイソカニムシ風の個体が採れた（高野光男氏私信）。ということは、南西諸島などで調べてみる必要があるかもしれない。もちろん、多少は篩にかけたりしてみてはいるのだが、まだ発見できていない。

研究を始めた当初に比べれば、海岸の多様な環境に適応しているカニムシが存在することはわかってきた。しかしながら、まだ未調査の環境は多い。たとえば、リー（一九七九）によれば、バハ・カリフォルニア半島には一〇種類もの海岸性カニムシが生息しているという。中でも注目すべきは、イソカニムシの仲間だけでも同じ海岸から六種類が生息し、生息場所が重複する例も見られたという。さらに、ツチカニムシの仲間やヤドリカニムシの仲間も記録されている点が注目される。また、石や流木の交じった砂浜の湿った部分と乾いた部分で数種が棲み分けているという。

北海道から沖縄まで幅広い海岸線を持つ日本である。その環境は実にさまざまだ。たとえば満潮時に水をかぶるような環境についてはほとんど未調査である。北海道などに生息が知られているウミカニムシは、個体数が少なくなかなか見つからない。本種は青森県でも発見された。標本をくださった山内智氏と一緒に私も調べてみたことがある。しかし、残念ながら発見できなかった。吉郷英範氏には、瀬戸内海の入り江に生息するタカシマトゲッチカニムシの近似種を送っていただいた。満潮時には明らかに水没する場所だという。生きた個体を送ってくださったので飼育を試みたが、温度変化に敏感なようで、数日ですべて死んでしまった。

失敗談も含めて述べてきたが、次第に調査が難しくなりつつあるように思う。しかしながら、地道に調査を進めていけば、これまで日本では観察されたことのない新しい知見が得られるのではないかと期待している。

④樹上性カニムシを求めて

土壌・海岸に続いて私がターゲットにしたのは、樹上性カニムシであった。文献によれば、樹上にはさまざまな種類が生息しているらしい。ハラナガカニムシはウバメガシ、オオウデカニムシはマツ、トゲヤドリカニムシはスダジイやムクノキ、イチョウヤドリカニムシはイチョウ、カシマイボテカニムシはクスノキ、といった具合である(モリカワ 一九六〇)。

とはいうものの、過去の記録を見ると、樹上性カニムシの採集記録は極めて少ない。また、樹上といっても環境は複雑だ。樹種の違いはもちろんのこと、樹木の高さや太さ、低地か山地かなど、数えればいくらでもある。それに加えて、樹皮の裏、木にできた洞の中、枝に溜まったゴミ、葉っぱの上、幹に生えたコケの中などの微小環境が考えられる。研究を始めたころの私にとって樹上性カニムシは雲をつかむような存在であった。

下手な鉄砲も数打ちゃ当たるだろうという安直な考えのもと、近隣の公園・里山・神社・コナラ林・

ブナ林など、樹木が生えている場所を見つけては手あたり次第探してみたが、ほどなく行き詰まってしまった。海岸性カニムシのときもそうだったが、発見の糸口が見つからないのである。たとえば、シイの樹皮下にいると書いてあったので、シイ林に分け入ってみた。しかし、樹皮が剝がれる樹などそうたやすくは見つからない。ようやく見つけたとしても、ワラジムシ、ムカデ、カニグモなどの仲間が潜んでいるのがせいぜいであった。イチョウの樹皮下も採集場所として書いてあったので、近くの公園やイチョウ並木などを調べてみたが、やはり見つからなかった。海岸の松林はどうだろうかと、湘南海岸に出かけてみたがやっぱりダメだった。カニムシが潜んでいるのはどのような場所だろうか、しばらくむなしい探索が続いた。

恐怖の後の幸運

一年以上にわたって探したけれども、まったく採集できない日が続いた。さすがに気持ちが萎えて、仕方なく樹上性カニムシを追いかけるのを休止し、土壌性カニムシに専念することにした。そのころの私は、カニムシがたくさん採れる森の環境が少しずつわかって、おもしろくなってきていたからだ。気まぐれに樹皮を剝がしたりする試みは続けていたが。

うれしい出会いは突然訪れた。研究を始めて二年目の秋、東京近郊の森に出かけた。照葉樹とブナが一つの山地に見られる森である。静かな林の奥に座り込み、シフティングに熱中した。倒木の脇に落ち葉がたっぷりと溜まっており、カニムシがたくさん採れた。一休みした後、ゆっくりと観察しながら帰ることにした。斜面を下りていると突然、耳元でブーンという鈍い羽音が響いた。大学時代にハチの研究をしていたから、羽音には敏感である。アッと思って顔を上げると、二匹のオオスズメバチがこちらを牽制しているではないか。中学生のとき刺された恐怖の思い出が一瞬よみがえった。しまった、と思って慌てて斜面を滑り降りた。ハチの羽音がすぐ後ろに迫ってきているようだ。まずいぞ、やられる。そう感じて、無我夢中で転げるように駆け降りた。突然藪が途切れ、目の前に高さ数メートルの崖があった。転落しては大変だと、傍らのスギの大木にしがみついた。ところが、幹が太すぎて抱えきれない。ずるりと滑って転げ落ちそうになったが、無意識で剝げかけた樹皮の端をつかんだ。樹皮がバリバリと剝がれたが、運よく私の体は止まった。やれやれと思って振り返ると、スズメバチの羽音はもう聞こえない。ホッとすると同時に足が震えて、私はその場にへたり込んでしまった。深呼吸して我に返ると、私はまだスギの樹皮を握りしめていた。これが私を助けてくれたのだと感謝の気持ちをこめて眺めた、そのときである。なんと、樹皮とそっくりな色をしたカニムシがへばりついているではないか。頭がカッと熱くなるのがわかった。しかもよく見ると、少し離れてもう一個体いるではないか。あれほど探しても見つからなかった、樹上性カニムシとの感動的な出会いであった。

周囲を見渡すと、両手で抱えきれないようなスギが何本も生えている。さっきの恐怖も吹き飛んで、私は必死に探し回った。樹上性のカニムシは、動きがゆったりとしていて採集しやすい。はじめは吸虫管を使っていたが、コルク栓とガラス管の間に潜り込んでしまうので「唾つけ採集法」に切り替えた。フィールド調査を経験した方はわかると思うが、一度発見してコツをつかむとその後は簡単に見つかることが多い。一時間ほどの間に二〇個体以上を採集することができた。ハサミを持ち合ってペアになっている例も発見できた。ほとんどはアルコール標本にしたが、一部は観察のため生きたまま持ち帰った。

まだ明るかったので、環境を調べてみることにした。クリノメーターで樹皮の面する方角を確認したが、東西南北の指向性は認められなかった。それよりも、潜んでいる樹皮面が清潔に保たれているところに多い傾向が認められた。濡れていたり、ゴミや泥が詰まっていたり、コケが密生する場所にはほとんど見つからない。またこのとき初めて、トビムシを食している姿を観察できた。このカニムシ、その場では種名がわからなかったが、自宅に戻って検索してみるとトゲヤドリカニムシであることがわかった。これまで数カ所でしか発見されていない貴重な種らしい。

その数日後、私は東北地方の実家に帰った。家から歩いて三十分ほどのところに、スギの大木がたくさん生えている神社がある。そこで再び樹皮を剝いでみた。すると、トゲヤドリカニムシがたくさん生息していた。多くは上を向いているが、中には下を向いている個体もある。また、ここでも二個体が手を（ハサミを）つなぎ合っているのを五組も見つけた。驚いたのは、四個体が輪になって手をつないでいるのを発見したときであった。いったいこの不思議な行動にはどんな意味があるのだろうか。まさか

図2−4　A：トゲヤドリカニムシ、B：第二若虫と脱皮巣、C：脱皮中の第三若虫

フォークダンスを楽しんでいるわけでもあるまい。カメラを用意しているうちにカニムシたちはバラバラになってしまい、貴重な証拠写真を撮り損ねてしまった。

トゲヤドリカニムシから学ぶ

その後、あちこちでトゲヤドリカニムシを採集した。モリカワ（一九六〇）にはスダジイとムクノキの樹皮から見つかったとあったが、実際にはスギの樹皮下が圧倒的に多かった。ついでヒノキ、イチョウ、アカマツ、ケヤキなどから得られたがスダジイやムクノキからは滅多に得られなかった。本種は特定の樹種を選択しているというよりも、間隙の多い場所に生息すると考えた方がよさそうである。

樹皮を剝がしたときに丁寧に観察すると、脱皮の際に作ったと思われる巣がたくさん見つかった。観察の結果、巣にこもっている時期はほぼ夏季のみであった。第一若虫から成虫までいずれも年間を通じて採集できた。脱皮時期との関係から、おそらく毎年一回だけ脱皮し、成虫になるまで少なくとも四年を要すると予測される。また、関東地方南部では、六月後半から八月の初めに抱卵することがわかった。寒冷な地方では一カ月近く遅れるようだ。

卵数を調べるため三八個体の雌を調べたところ、一個体あたりの抱卵数は、最少六個、最多二一個、平均一二・七個であった。最初は淡い黄色だが、成熟してくると黄色味が強くなってくる。誕生したばかりの第一若虫は、半透明の白い色で、孵化すると短い間だが母雌の周辺をきれいに取り囲む。しかし、ちょっとした刺激ですぐ分散してしまう。

今まで知られていなかったおもしろい発見もあった。それは本種が、子育てのための巣を作らないことである。そのかわり、糸を吐いて樹皮の表面に白斑状の床を作る。森川先生に報告すると、先生はこれに抱卵床と名づけてくださった。

トゲヤドリカニムシの分布を確認するために東北地方を旅した。平野部では秋田県まではごく普通に生息することがわかった。ところが、青森県に入るとなかなか見つからなかった。しかし、岩木山の麓でようやく発見することができた。これが、現在のところ最も北で確認された記録である。南限は、これまで明らかになっているのは屋久島である。屋久杉の樹皮下から採集されている。

もう一つの偶然

故郷に帰ってトゲヤドリカニムシを採集したときのことである。一本の太いスギの樹皮下で、カニムシのように見えるムシを偶然目にした。目を凝らさなければそれとはわからないほど小さく、樹皮に溶け込んだ色彩だ。念のため持ち帰って顕微鏡で調べた結果、オオウデカニムシであることが判明した。初めて発見されたのは松山市のマツの樹皮下だという。それ以降は採集記録がない。四国で採集されたものが、遠く離れた東北で採集されたことにびっくりした。この種は小さすぎて薄暗い場所ではなかなか見えない。しかも、すぐには動き出さないので、なかなか気づきにくい。

半年ほど後、部活動で奥只見に出かけた。昼休みの時間を利用して、私は散歩に出かけた。近くの神社にスギの大木があるのに目をつけていたのだ。採集用具は持っていなかったが、ポリ袋をもらって出かけた。あいにくトゲヤドリカニムシはまったく採れなかった。かわりに、樹皮の下にカビのコロニーと思しき白い斑点がやたらに目についた。そういえば、この斑点は東京でも山形でも見たことを思い出した。もしかしたら、スギに寄生する珍しい菌類かもしれない、などと考えながらカニムシを探し回った。そして何回目かの樹皮を剝いだとき、カビのコロニーらしきものがびっしり付着しているところがあった。それをなにげなく眺めていたら、一つの丸い斑点の中になんとオオウデカニムシが透けて見えるではないか。思わず笑みがこぼれた。なんだか発見の予感がして、改めて他の白斑に目を凝らした。こういうときの期待感はたまらない。はやる心を抑えてマツの枯葉を拾い、先端を白斑にそっと突き刺してめくってみた。すると、中からオオウデカニムシが現れたのである。予感は的中した。白いコロニーはカビなどではなく、オオウデカニムシの巣だったのである。ちなみに樹皮下にはさまざまなクモの仲間が住居を作るが、これらとは明確に特徴が異なる。

この発見は、その後の研究に大きな進展をもたらした。樹皮を剥いで白い斑点があれば、それはオオウデカニムシの仲間がそこに生息している証拠だ。仮にカニムシが見つからなかったとしても、ある時期にそこで生活していた証拠となる。しかも、薄暗い森の中でも簡単に確認できる。ありがたいことに、一カ所におびただしい数の巣が発見されることも多い。そのため、塊ごとナイフで切り取って持ち帰り、双眼実体顕微鏡下で観察してみると、ひしゃげた脱皮殻が入っていた。ホイヤー氏液をかけて透過してみると脱皮殻などがそのまま透けて観察できる。これをヒントに実施したその後の調査で、次のようなことがわかった。

まず生息環境であるが、比較的乾いた樹皮の下に多い。スギ、ヒノキ、アカマツ、クロマツ、などがほとんどである。樹皮がでこぼこしている場所には生息しない。条件のよい隙間に集中的に分布するようで、数百個もの巣が集中していることもある。おそらく、この高密度分布は何世代にもわたって脱皮や繁殖を繰り返した結果であり、実際に生息している個体はそれよりもずっと少ないようだ。

オオウデカニムシの奇妙な特徴

本種の生態は、他の仲間と大きく異なっている。その第一の特徴は、先にも述べたように小さくてよほど目を凝らさないと見逃してしまうことだ。動きがきわめて緩慢であり、強い光を当てない限りは歩行もゆっくりである。狭い間隙に潜り込むことができるため、吸虫管などで採集すると管と栓の間に潜ってしまい取り出すのが大変である。

この仲間の際立った特徴は、感覚毛の数である。多くのカニムシはその齢を触肢動指にある感覚毛の数（一本から四本）で判定できる。ところが本種では、第一若虫から成虫までいずれも一本しかないため、これだけでは齢を判定できないのだ。年一回の脱皮により四年かけて成虫になると予想しているが、成虫になるまでの時間はよくわかっていない。これから生活史を解明したい種の一つである。本種の精包受け渡しの方法は、日本ではまだ記録されていない。ヴェイゴルト（一九六九）によれば、ヨーロッパに見られるウデカニムシの仲間は、ダンスなどはせずに精包を立てるだけだという。古い精包を見つけると、雄はそれを倒してしまうという。

関東地方での抱卵は、六月後半から八月初旬が中心である。寒冷地では遅くなる傾向にあるようだ。抱卵時には脱皮時と同様の白くて丸い巣を作る。卵数を数えてみたところ、最少は一個体あたり二卵、最多は五卵、たいていは三～四個であった。狭い隙間に適応しているためだろう、卵は横に膨らんで成長する。十分に成熟して黄色味を帯びてくると、なんと雌は卵を母体から切り離し巣に残して外に出てしまうことがわかった。放置された卵は、やがて第一若虫となる。卵の殻は巣の中に残されるため、顕微鏡下で観察すると抱卵のための巣であることが確認できる。

オオウデカニムシはスギやマツの樹皮下に多い。体長一㎜ほどの大きさから考えて、自分で歩き回って木から木へと移動することは不可能と思われる。それゆえ、他の昆虫か動物の体に便乗して移動する可能性が高い。残念ながらこれまでまったく観察されていない。おそらく移動が集中する時期があると予測している。

⑤その他の生息地

これまで土壌、海岸、樹上のカニムシについて説明してきた。これらは比較的容易に採集することができ、個体数もそれなりに多いものばかりである。私としてはすべての種類を網羅したいのだが、残念ながらその他の生息地についてはは断片的な情報がほとんどだ。

その理由の一つとして、個体数が少なく生態が明らかになっていないことが考えられる。最初に記載されて以降、長い間発見されていないものもかなりある。たとえば、私が初めて記載したノコギリヤドリカニムシは、最初に採集された後四十年以上も発見できなかった。最近ようやく再発見できたが、両者を合わせても二点に過ぎない。希少種なのか、それとも単に生態が明らかになっていないだけなのか、この結果からは判断できない。そのため、環境省のレッドデータブックなどに候補として挙げたいのだが、難しい。このような種類はけっこう多い。もちろん、オオウデカニムシのように生息場所や生態が解明されてくれれば、この問題は解消するかもしれない。今後、多くの研究

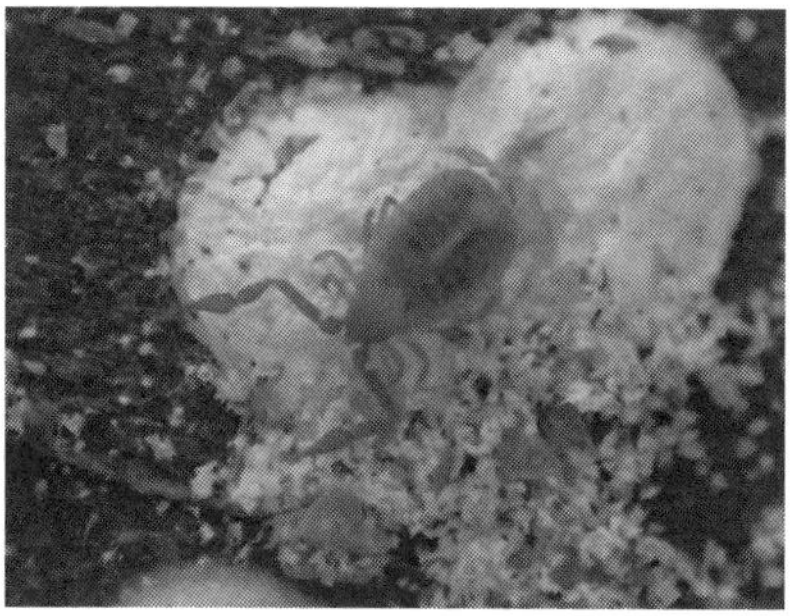

図2－5　オオウデカニムシと巣および脱皮殻

者によって明らかにされることを願っている。

一方、生息場所が特殊で気軽に調査に行けない場合も多い。たとえば、通常は滅多に立ち入れない場所や危険が伴うような空間である。また、絶海の孤島なども調査は難しい。そのような分野にまで踏み込むにはより多くの人数と時間、それに相応の訓練が必要となる。もちろん、チャンスがあればいつでも挑戦してみる気持ちはある。

そんなわけで、次に日本産カニムシ類でまだあまり研究が進んでいない生息環境を紹介しておきたい。

洞窟

人工的に掘られた小さな横穴のようなものから大規模な鍾乳洞の奥深くまで、さまざまな種類の洞窟にカニムシは生息する。小さな横穴あるいは洞窟の入り口付近などで採集されるものには、土壌性カニムシが紛れ込む例も多い。森の中にある洞窟などでは、入り口に落ち葉が堆積して、安定した環境を作っている。その環境は安定しており、森林土壌のカニムシにとっても棲み心地のよい条件なのだろう。

これに対して、鍾乳洞や溶岩洞穴などの深部には、その環境に適応したカニムシが生息している。洞窟が誕生した年代にもよるが、長い年月をかけて適応し、独自の生活様式や形態を獲得するのであろう。たとえば眼の退化、体色の白化などの特徴が見られる。さらに、歩脚や触肢が細長くなるなど、洞窟性カニムシ特有の特徴を備えるようになる。また、いつも安定した条件下で生活するため、温度や湿度の変化には極端に敏感である。

全国各地の洞窟から採集記録があるが、岩手県や埼玉県、滋賀県、山口県、大分県などの石灰岩地帯で採集されている（森川 一九六五、西川 一九八九など）。また、富士山の溶岩洞穴から固有種が確認されている（上野一九七一）。沖縄などの南方の島々には鍾乳洞も多く多様な種が分布すると推測されるが、今後の調査に期待したい。時には古い鉱山などの掘削用の洞窟から発見されることもあるが、まだ調査は進んでいない。いずれの地も、他の洞窟との交流が起こりにくいため、それぞれの地域に固有の希少種が見つかるかもしれない。

一方、コウモリなどが生息する洞窟の地面には、広い分布域を持つカニムシが採集されている。糞が落ちてグアノ堆積物が形成され、餌であるトビムシやダニなどが生息していることも多く、カニムシはこれらを捕食して生活しているようだ。その典型であるオオヤドリカニムシは、最初に発見されたのが四国の龍河洞であった。そのため学名も *Megachernes ryugadensis* となっている。しかしこの種は、洞窟だけではなくマルハナバチの巣や哺乳類の体毛間などにも生息し、純粋な洞窟性というわけではない。色も濃い褐色であり、真洞窟種のような白化現象も見られない。おそらく、コウモリなどによって運ばれて定着してしまったのであろう。

洞窟内はカニムシの個体数が非常に少ないうえに暗いから、探し出すのも容易ではない。そのため、じっくり腰を落ち着けて根気よく調べなくてはならない。しかしながら、洞窟産のカニムシ研究は今後の発展が期待される分野の一つである。日本全国に未調査な洞窟もけっこうあるから、ケービングが好きな方にお勧めかもしれない。

なお、洞窟とはいえないが、深い土の中に棲むカニムシが存在するかもしれない。ガレ場などを深く掘って採集をされているクモ研究家の西川喜朗氏からいただいた標本には、洞窟性ではないかと推測される個体が含まれていた（未発表）。石や砂などが厚く積もったような場所の地中深くに生息するものと考えられる。確かに、土壌中の個体を採集していて、数十センチの深い場所から採集されることがある。これらは通常は土壌動物として考えるが、洞窟性との中間型と位置づけた方がよいかもしれない。このあたりの研究はまったく行われていないので、今後の課題といえる。

遠く離れた洞窟なのに同じ種や近縁種が生息していたり、人為的に掘られた穴などに洞窟性カニムシが生息することもある。もしかしたら、これまで知られていない洞窟間を移動する秘密が存在するのかもしれない。

他の動物の巣や体など

森の中で調査していると、時々ネズミなどの巣を掘り当てることがある。これを掘り出してツルグレン装置にかけるとヤドリカニムシの仲間が見つかることがある。日本ではその多くが洞窟の説明で触れたオオヤドリカニムシである。またこの種は、ネズミの他にモグラ・ヒミズ・タヌキ・アナグマなどの哺乳類やマルハナバチやミツバチなどの昆虫の巣から見つかることもある。

外国でもアリと共生している種があるという。イエカニムシがミツバチの巣から発見された記録もある。北米ではスズメバチなどの巣にも生息しているという。鳥の巣から発見されることもあり、スズメ、ムクドリ、ツバメ、イワツバメ、ハト、カモメなど多様な鳥の巣から見つかっている（森川 一九五四）という。今後調査が進めば日本でも興味深い発見があるものと期待される。

カロン（一九七八）によればイエカニムシ、コウデカニムシ、ハチノスカニムシ（*Ellingsenius*）などの仲間がミツバチの巣の中から見つかっているという。実験室で他に餌のない状態にしてやるとミツバチを襲うこともあるようだが、たいていは巣に生息するミツバチヘギイタダニやスムシ（ハチノスツヅリガ）などを捕食しているという。その意味ではカニムシが微力ながら人類の役に立っている数少ない例といえるかもしれない。日本ではほとんど手つかずの分野だけに、今後の研究が待たれる。

さまざまな哺乳動物の体から採集されることから、吸血しているのではないかと勘違いされることもある。しかし、カニムシはダニのように寄生して吸血することはなく、もっぱら哺乳類や鳥類などの毛の間に潜む寄生虫やダニなどを食べている。またこれら動物の巣にはいろいろな小動物が生息しており、それを捕食していると思われる。実際にオオヤドリカニムシにマダニを与えたら、よく捕食したという報告もある（オカべら二〇一八）。東南アジアや南米などの熱帯では、大型甲虫の羽根の裏などに生息している例も多数報告されている。日本での観察例は少ないが、甲虫を採集していたら、いつの間にか殺虫管の中に交じっていた、という例もあるようだ。夜間採集などに同行すれば発見できるかもしれない。いずれにしろ、他の動物の体から得られる例は偶然の発見を待たなければならない。

家屋内や書物の間

私は戦後の生まれだが、母がまめに掃除をしていたにもかかわらず、幼いころのわが家には夏になるとノミやシラミが発生した。あのころの田舎は、どの家でも似たようなものであった。夏になるとコナダニが湧いて米櫃《こめびつ》の表面を白く染め、ゴマ粒のようにコクゾウムシが湧いた。父はそれらをクロルピクリンで駆除していた。夜には天井裏をクマネズミが走り回り、我が家のネコが時々捕まえて食べていた。勉強しているとハエトリグモがノートを横切ったし、窓の隙間からガがしばしば入ってきた。納屋に積んであった藁などにはクマネズミが巣を作ったし、屋根瓦の間にはスズメが営巣した。おそらく、どの家庭も小さな生き物が潜んでいたのだろう。これら悩ましきムシたちはＤＤＴの普及によって一掃された。

とくに、カニムシが採集される可能性があるのは古い建物である。土蔵が立ち並ぶ旧家などをぜひ調査してみたいが、まだ機会に恵まれていない。かつては和綴じの書物の間からけっこう見つかったようだから、古本屋街なども一度は探し回ってみたいものだ。高島（一九四七）によれば、「紙商ノ称カニムシと云フ」と和綴じ本に付した貼紙に書いてあったという。英語でもBook-scorpionというくらいだから、書物とカニムシは密接に関係していたらしい。おそらく本についたシミなどを食べていたと思われる。その多くはイエカニムシと呼ばれるもので、日本を含む世界中に分布している。

その他、タンスの中から出たとか、土蔵にしまってあった荷物の間から出たという報告もある。貯蔵してあるソウメンの中から発見された例（モリカワ 一九六〇）もある。私が頂戴したイエカニムシの標本は、正月に食べようと餅を焼いていたところ、混ぜてあった大豆の隙間から慌てて這い出してきたものだという（篠原圭三郎氏による、写真集10－A）。まさか豆を茹でる前から隠れていたとは考えにくいから、餅の貯蔵時に侵入したものであろう。家のどこかに潜んでいたものと推測される。納屋を掃除していたら埃や藁屑の中からカニムシが出てきた、という例もある。畳の上を歩いているオオヤドリカニムシを捕まえた人もいる。おそらくこれは、家に棲むネズミなどの体表に付着していたと考えられる。

家の中といえないかもしれないが、輸送された荷物の中から発見された例も時々聞く。これらの多くは、輸送の際に緩衝材として入れた詰め物の中に紛れていたのだろう。アフリカから送られてきた太鼓の詰め物から出てきたのは、コナカニムシの仲間であった（菊屋奈良義氏私信）。自然素材を使った梱包材などには、けっこう隠れている可能性がある。

以上、カニムシが発見される可能性がある場所をあれこれと述べてきた。極地や氷河などを除けば、世界中のどこにでも生息している可能性があることをわかっていただけたと思う。ただ、密度が低いのと隠れる習性のために、滅多に発見されないだけのようだ。

もしかしたら、読者の皆さんの周辺にもカニムシが潜んでいる可能性がある。たとえば引っ越しの際に押し入れにしまってあった荷物を整理したり、先祖伝来の蔵や納屋を掃除したりするとき、注意して観察していただきたい。テレビ番組で、旧家のお宝拝見といった番組があるが、便乗させていただきたいと、見るたびに思う。カニムシに関心を持たれた方の中で、土蔵や納屋をお持ちの方、ぜひ探してみていただきたい。また古い庭付きの家に住まわれている方などは、庭石の下や植え込みの間の落ち葉などを探してみてはいかがだろうか。ただし、きれいに掃除されると発見の確率はぐっと低くなる。

カニムシの棲めない環境

カニムシは極地などの極端な環境を除けば、どこにでも棲んでいる、と書いた。しかし、生息できない空間が実はもう一つある。

それが現代都市環境である。あるいは近代建築や整備された公園などである。たとえば、近代的なマンションやオフィスビルの林立する環境で発見することはきわめて難しいだろう。ダニ・トビムシ・ダンゴムシなどは銀座の植え込みの下からでも発見できる。もちろん、真新しいマンションの周辺にだってちゃんと棲み着いている。ところがカニムシはそうはいかない。気密性が高い現代建築では、餌になる小動物が少ないから、カニムシが入り込む余地はほとんどない。ましてや薬剤散布や虫除け処理も徹底している昨今の家は、カニムシにとって最悪の環境といえる。その中で可能性が高いのは図書館だが、最近出版される本の間から探し出すのはほとんど不可能に違いない。カニムシが餌とするチャタテムシやシミやカツオブシムシなどが入れないような構造になっているからだ。そのうえ、最近ではムシに食われないように定期的に燻蒸されたりしている。

近代文明は、外部と内部の環境を徹底的に遮断した。ビルなどでは雨の音すら室内に漏れてこない。ゴキブリやカが見つかっただけでも大騒ぎの昨今である。庭には除草剤や殺虫剤が散布されて、ムシが生きる空間も壊滅的だ。外見上は美しい緑にあふれた公園や緑地や遊園地は多いが、その動物相はきわめて貧弱である。カニムシを採集したことのある都内のある公園では、外国からのウイルスをカが媒介するとかで徹底的に消毒された。その後、採集に行ってみたが見つけられなかった。また、ある県の運動公園ではマイマイガが発生したという理由で薬剤散布が行われていた。偶然私はその場所で樹上性カニムシをたくさん採集していたから、散布後に確認のため再調査してみたが全滅状態であった。やむを得ない措置だったのかもしれないが、カニムシにとっては受難である。

このように、都市部の自然はほとんどが人工的な疑似自然であって、不快と感じられる生物は徹底的に駆除されている。人畜無害だけれども、環境変化に敏感なカニムシのような生き物が潜む余地は残されていない。快適な生活の邪魔になるものを徹底的に排除する現代文明に対して、私は危機を感じている。

コラム4　悩ましい動物たち

全国を巡っていると、いろいろな生物と出会う。美しい植物や珍しい昆虫などに出会うと、ああ研究していてよかったなとうれしくなる。しかし、いつもステキな出会いばかりではない。時には、不愉快な思いをすることもある。

スズメバチに刺された経験は二度ある。一回は秋田県の森の中で、キイロスズメバチだと思う。羽音がしたので逃げたのだが、山ブドウの蔓に引っかかって動けなくなり、手の甲を刺された。その後のバイクの運転がつらかったのを覚えている。二回目は北海道の昇仙峡だった。やけにアブが多いと思って払いながら落ち葉取りに夢中になっていたら、突然背中をぐさりとやられた。慌てて逃げたが、追いかけてくる。ちょうど小学校のグラウンドがあったので、そこを突っ切って走った。幸い、比較的厚いシャツを着ていたのでそれほど強烈なダメージではなかった。しばらくしてから先ほどの場所に戻り、巣の入り口を刺激しないようにそっと荷物だけを撤収した。残念ながらサンプルはハチの飛行経路上にあったので、回収を断念した。

大分県の由布岳そして屋久島の隣にある口永良部島《くちえらぶ》では放牧していたウシに追いかけられた。とくに口永良部島のウシは、藪の中から突然出てきて道をふさぎ進めない。下がろうとしたら、後ろからも大きいのが顔を出した。しかもなんだか怒っている雰囲気だ。とっさに藪の中に逃げ込んだのだが、ササの間にイバラが絡んでいて、逃げ出せたときには腕が傷だらけになっていた。

滋賀県や奈良県では、ヤマビルに血を吸われた。滋賀県のときは宿に入って服を脱いだらシャツが血で赤く染まった。にっくきヒルを探したのだが、どうやら宴の後で、私が気づく前に逃げおおせたらしい。奈良県のときは、なんだか靴の中が湿っぽいなと思って靴下を脱いだら丸々太ったヒルが出てきた。悔しいからアルコール標本にして持ち帰り、授業で女子高校生たちの教材にした。一部の女子高生たちは、こういうのに目を輝かせる。

その他、直接の被害にあったことはないが、ニホンザル、カモシカ、ニホンジカ、イノシシなどに驚かされることはしばしばだ。二匹のテンがものすごい勢いで戦っているのに遭遇した。私のすぐ目の前を駆け抜けたときは襲われるのではないかと焦った。北海道ではキタキツネがシフティング中の私に寄ってきた。エキノコックスの感染が恐ろしいので、脅かしたのだが人懐っこく近づいてくる。仕方なく、こちらが荷物をまとめて退散した。間接的だが、シカの糞害はしばしば体験している。とくに秋の落葉後は危険だ。糞が落ち葉で隠されて見えないからだ。落葉が積もってカニムシが多そうな環境だが、表層の乾いた部分の下に、糞が隠れている。知らずにその上に座った時などはちょっと悲惨だ。

最後に、一番やっかいな動物の話。北海道の大雪山ではレインジャーの方に励まされながらも、ヒグマに会わないよう気を配りながら調査した。幸い遭遇することもなく、順調にハイマツ帯を調べて回った。あと少しで終了というとき、油断が生じた。ふんわり積もった落ち葉を握ったら、グニャリとした感触があった。しまった、と思ったが後の祭り。誰かが隠れて用を足したのだろう。手にべったりとついてしまった。私は普通、土の感触を確かめるため手袋などはせず落ち葉を直接手で集める。実は、あちこちに紙が落ちていたので用心してはいたのだが、その場所は上手に落葉でカモフラージュされ見抜けなかったのだ。あいにく手を洗う水もない。私は思わず叫んでしまった。「ここは大雪山じゃない、排泄山だ」と。してみれば、人間が自然の中では一番悩ましい。

第三章　カニムシの生態

生物学の研究分野に生態学がある。日本生態学会編『生態学事典』（二〇〇三）によれば、生態学とは個体もしくはそれ以上のレベルでの生命現象におもな関心を寄せる生物学、生物の生活に関する科学、生物と環境との関係を扱う科学、などの定義が紹介してある。ここでは、カニムシと環境との関係および生活史に重点を置いて考えていくことにする。

種ごとの分布範囲については、水平的な変化を研究する方法（緯度・経度の違い）と垂直的な変化を調べる方法（標高の違い）などがおもしろそうだ、と検討をつけた。当時、カニムシの分布について比較的よく解明されていたのはヨーロッパと北アメリカであった。ヨーロッパでは各国からの採集報告が蓄積されており、それをつなぎ合わせると分布範囲が見えてくる。一方、アメリカではホフ（一九五九）が標高の変化に伴う植生とカニムシの垂直分布について研究を行い、その特徴が報告されていた。一方、日本では緯度の違いや標高の違いに関する研究は断片的なものであり、分布については一部を除けばほとんど解明されていなかった。

一方、季節消長や生活史について見ると、欧米ではガブットとヴァショーン（一九六三、一九六五）がイギリスの森林土壌に生息するカニムシの季節消長と生活史の研究を行っていた。それを見ると、ツルグレン装置を駆使して毎月の定量調査を基に生活史を推定したもので、各齢の消長が明快に示されていた。この研究によって、種によって生活史が異なることが明らかにされた。ただし、カニムシの生活史には非常にあいまいな側面があって、いくつかの課題も指摘されていた（ガブット一九七〇）。日本ではモリカワ（一九六二）が愛媛県で行った土壌性カニムシ類の調査が唯一で、標高別および季節ごとの採集結果を基に大まかな推定がされていた。それによれば、おおよそ春から夏に繁殖し一年をかけて成体になるものと、二年を要するものとがあるようだ。

以上のような状況に基づいて、私がこれから挑むべき研究目標を設定した。自宅をベースにした研究だから、大掛かりな装置は使えない。頼れるのは自分の体力だけである。それに加えて、手元にある文献と顕微鏡そしてツルグレン装置。これら限られた資材を使って研究できるものを考えた。大雑把にまとめると、種ごとに見た分布範囲の比較、季節消長と生活史の解明である。もちろん、種それぞれの行動なども興味深いが、それらは日常の小さな観察を通して随時見ていくことにした。

①カニムシ分布を決定する要因

土壌性カニムシの分布の広さを決定する要因はなんだろうか。外見上は同じように見える森林でも多数の種類や個体数が生息している場所もあるが、まったく見つからないところもある。また南から北にかけてさまざまな種が入れ替わっているように見える。これまで得られた知見を基に、その要因について考えてみた。

まずは気候の違いとカニムシ分布の関係をテーマにしてはどうだろうか。日本は北海道から沖縄まで幅広い気候帯が存在する。具体的には亜熱帯・暖温帯・冷温帯・亜寒帯・寒帯（高山帯）である。そこに含まれる要因も変化に富んでいる。寒暖の差、降雪量、降水量、その他多くの気象的な要因が複雑に絡み合っている。

次に考えられる重要な要因は、植生である。亜熱帯林と寒帯では、その生育している植物がまるで違う。当然のことながら、植生は土壌の形成にも大きな影響を及ぼすだろう。また落葉層（リター層）の分解速度も違う。一般論としてだが、沖縄などの亜熱帯林の林床部は落葉層が薄く、乾燥しやすい。これに対してブナの原生林などでは落葉層が厚く一年を通して湿っていることが多い。それらの環境が、土壌生物たちに大きな影響を与えているに違いない。

地形も分布を決定する重要な要素と考えられる。平坦な地形、凹凸の激しい地形などは土壌形成に大きな影響を与えるだろう。急斜面では地表面が不安定で、土壌が形成されにくい。また近くに川が流れていたり、尾根筋で山肌がむき出しになったような場所も、環境変化は激しいだろう。北向きの斜面と南向きの斜面では平均気温などが相当に異なるだろうし、降水量なども変化するに違いない。

人為的な影響も関係しているかもしれない。スギやヒノキの人工林などは、人の手が加えられているから自然林とは異なる環境だろう。下草が刈り取られていたり、場所によっては堆肥を作るために落葉採取が行われたりすることも里山などでは確認される。都市の公園や日本庭園のように、徹底的に人手が加えられ管理されている場所もある。伊豆諸島の大島や利島などの森を見ると、外見上は見事なヤブツバキ林だが林床部は種子を採取できるようにきれいに掃除されている。

人為に加えて、大型動物の影響も考えられる。とくにシカやイノシシなどは地表面を撹乱する代表的な野生動物である。外見上美しい森に見えても、イノシシの掘り散らかした跡では、落葉層が剝ぎとられて土壌が露出している。シカなどによって、ササや下草などが丸坊主になるほど食い荒らされている森林もある。これらの動物がよく通る場所では踏みつけられて「けもの道」ができていることも多い。放牧が盛んな山地などでは、ウシなどによって地面が踏みつけられて硬くなっている。動物と同様、人の歩いた踏み跡も落葉層には大きな影響を及ぼす。かつて分厚い落葉層に覆われていた森が、人の踏みつけによって無残に分断されてしまったところもよく目にする。

さらに火山などの影響も大きい。三宅島の新澪池周辺は、かつてうっそうとしたシイ林が広がりカニムシも確認されたが、大噴火後の植生は壊滅し火山灰が降り積もっていた。実際に調べてみたが、地面はカニムシが生息できるような環境ではなくなってしまった。ということは、森林自体の成立や変遷を含めた歴史的な側面も考慮する必要がありそうだ。

この他にも、これまで気づいていない要因が存在する可能性もあるだろう。これら全部を解明するのは不可能だが、自分にできそうなことに絞って始めることにした。まずは森林の実情を把握することが大切だ。さまざまな自然とカニムシとの関係がどのようになっているのだろうか。

垂直分布の解明

いろいろ検討して出した結論の一つは、カニムシの垂直分布（高度分布）を調べることであった。標高の推移に伴って動物相や植物相に変化が見られることは日常的に観察していた。しかし、カニムシ相が標高の変化に伴って変化するかどうかは、我が国ではまだほとんど解明されていなかった。

日本では九州から北海道まで、一〇〇〇mを超える山岳が多数分布し、気候も亜熱帯から寒帯（高山帯）まで幅広い。各県の代表的な山を麓から山頂まで調べていけば、全国規模で土壌性カニムシ類の分布が明らかにできるかもしれない。ちょっと壮大すぎてできるかどうか不安だったが、頑張ってみることにした。

そこで手始めに、本当に標高の変化に伴ってカニムシ相に違いが見られるのかどうか、実際に確認してみることにした。具体的にどのような方法で調査すればよいか、計画を立ててみた。まずは標高ごとに一定量のサンプルを採集してみよう。これまでの体験から、サンプル数はだいたい四ℓの袋で二個から六個程度を基準にすることにした。当時はまだ車の免許を持っていなかったため、採集は徒歩で踏破できる場所がいい。登山道に沿って標高別に代表的な植生を探し、一定量の落葉を採取して篩にかける。一地点で一時間から二時間ほどかけて、丁寧に調べれば膨大な量のサンプルを持ち帰る必要もない。ただし、この方法では結果にばらつきが生じる可能性が大きいだろう。そのため、定性的な結果に重点を置くことにした。つまり、どんな種が採れたか、を基本とする。個体数は記録するけれども、むしろそこで採れた種に着目することにした。とにかく一度試してみれば、調査上の限界や改善点も明らかになってくるに違いない。

初めての標高別採集

私は地図を広げて候補地を探し始めた。海岸から一気に山頂まで踏破できる山がいい。いくつかの候補地を拾い出して検討した結果、最初の調査は鳥取県の大山で行うことにした。学生時代に一度登った経験があり、おおよその景観、植生などの特徴を知っていたからであった。そしてなによりも、海岸付近から山頂まで一気に登れることが魅力だった。また、山麓から山頂まで植生が順次変化していくので、植生の変化とカニムシ分布との比較ができるかもしれない。標高もそれほど高くないから、特別の登山技術も必要ないし、数日で調べられるだろう。

夏休みの終わりに近いころ、初めての調査に挑んだ。桝水高原の中腹に宿をとって基地とした。山頂付近の石室のような避難小屋で野宿したときは、天井をアオダイショウがゆっくりと滑るように横切って不思議な気分になった。休憩のとき、ミカンの皮を地面に置いたら、ザトウムシがたくさん集まってきてうれしかった。山頂から眺める日本海の夕日、そして暗闇に浮かぶ漁火《いさりび》の美しさが印象に残っている。

山頂から標高差一〇〇m間隔で徐々に山を下りながら、ブナ林やミズナラ林を調べ、最後に麓の標高二七〇m付近にあるアカマツ林で採集した。雨に見舞われることもなく、二四地点から合計七五個のサンプルを調べることができた。ちなみにサンプルの中身はL層（湿った落ち葉層）とF層（やや小さく分解された落ち葉層）が中心であった。カニムシは数種類採集できたが、現地では種まで特定することができない。今後の私の研究活動の方向性に大きな影響を与える試みなので、どんな結果が出るか不安であった。そのときの心情が次のように綴られている。

「高度別、あるいは樹種別に差が出るのだろうか。大自然の中からたった四～五袋のサンプルを採取したからといって、何がわかるというのだろう。大山の山頂から眺める森は無限といってもいい。地図に針でつついたような点を打つと、それよりも小さい面積が私の採取したサンプル量なのだ。いわば、五万分の一の地図に数十カ所の針穴をあけ、地図全体のカニムシ相を論じようとしている。広大な裾野を眺めながら、ため息がでる。小さい自分が大山という広大な地に挑む。そんな自分を思い浮かべつつ……」

このように不安をのぞかせながらも、半面「小さな人間が大きな自然を把握する」という構想に妙なロマンを感じていた。

ともあれ、初めての垂直分布調査であったため、採集地点が定まらずに右往左往しながらの数日であった。標高差も目論見通りの一定間隔にならなかったりして、反省点も多かった。さらに、一回に採取したサンプルの量などもやや不均一になってしまった。不安は多かったが、調査から戻るとさっそく種を同定し、それを基に標高別に整理してみた。その結果、カニムシの分布は大まかに以下の三つに分類できた。

①山麓から山頂まで幅広く分布する種（オウギツチカニムシ、フトウデカギカニムシなど）
②高い標高を中心に分布する種（カブトツチカニムシ、アナガミコケカニムシなど）
③低い標高に分布する種（チビコケカニムシ、ミツマタカギカニムシなど）

やはり私の予想通り、種によって分布域に違いが認められたのだ。山頂の気候は寒冷で、活動できる期間は限られるだろう。一方、山麓はずっと穏やかな気候だから活動できる期間も長くなると考えられる。一般的には標高が一〇〇m上昇するごとに〇・五五℃ほど低下することが知られている。当然のことながら、気候がカニムシの分布に影響している可能性がある。

一方、植生とカニムシの関係を集計してみると、個体数に関しては山頂のキャラボク林が圧倒的に多いように見受けられた。次いでキツネヤナギ・ヒメヤシャブシ林が多く、ブナ林、ミズナラ林では少なくなり、アカマツ林では一袋あたり二個体以下であった。この結果だけ見ると、植生とカニムシの個体数の関係は歴然としているように見える。しかしながら、土壌の環境を確認してわかったのは、山頂付近の土壌は常に湿って安定していてカニムシに適した環境だったこと。これに対してアカマツ林は土壌が乾燥することが多く、カニムシにとっては必ずしも良好な環境とはいえないようであった。加えて、麓ではしばらく雨が降っておらず全体的に見て乾燥傾向にあった。しかし、アカマツ林でも落葉が厚く堆積して湿度が保たれている場所では、ある程度の個体数が得られた。やはり植生の違いというよりも、土壌の環境が大きいように見受けられた。

また、カニムシの大きさが調査結果に影響を及ぼしていることもうかがえた。アナガミコケカニムシなどは体長が五㎜を超えるので容易に発見できる。またオウギツチカニムシは動きが独特で、しかも篩にかけるとすぐに動き出す習性があるため採集しやすい。これに対して一㎜程度のカブトツチカニムシはその小ささゆえに見つけにくい。ましてやその若虫となると、色も淡く、よほど目を凝らさなくては識別できない。それゆえに、結果を考察する際には、その傾向を意識する必要があった。たとえば、カブトツチカニムシを見ると、三〇〇mの次に一〇〇〇mで記録され、その間がまったく得られていない。これは、得られなかったからといってその地点に本種が分布しなかったとはいえない。はじめに予想した通り、定性調査として考察した方が賢明だと考えられた。正確に把握するためには、ツルグレン装置の利用なども考慮に入れる必要性を感じた。当時の私にはそれを実行することは困難であった。そこで、類似の調査を多くの地点で実施して、それらをつなぎ合わせて考察する方法をとることにした。

その他に、次のようなことが見えてきた。先に解説したように、カニムシは餌に対する嗜好性はとくにない。したがって、垂直分布域の違いはそこに生息する餌の種類（たとえばトビムシ相など）には依存しない。

植生の違いも、直接的な要因ではない。もちろん先ほど述べたように、植生の違いは土壌水分や生息空間に間接的な影響を及ぼすことはあるだろう。しかしそれは、植生そのものの影響というわけではなさそうだ。マツ林だけを好むとか、ブナ林でなければいけないということではないと思われる。

では、分布範囲を決定づける最大の環境要因は何か。一つずつ検討した結果、それは温度（とくに地温）の違いではないかと推測された。温度は、標高によって明確にしかも確実に変化する。

以上の考察から、その後の調査では以下の点に重点を置いて調べることにした。まず、できるだけ標高差（つまり温度差）を考慮しながら調査すること。一地点のサンプル量を可能な限り統一すること。植生は自然林を基本とすること。落葉層が厚い湿った場所から採集すること。大雨が降った後の調査などは避けること。反対に降雨が極端に少ない時期も避けること。欠点だらけの結果ではあったが、大山の調査は後の調査方法に大きな示唆を与えてくれた。

思い出の山々

大山の結果に可能性を見出した私は、おもしろそうな山を次々と調査し始めた。これこそが、研究開始の際に掲げた目的の一つであった。全国の自然を見て回りたい、という夢がそれである。この決意を内に秘めつつ、北海道から沖縄まで、地図帳を広げて県ごとにめぼしい山に印をつけていった。それらを麓から山頂まで踏破することによって、各県の代表的な気候帯のカニムシ相を把握することが可能になるだろう。

北は利尻島から南は屋久島まで、私がこれまで歩いた山は三〇カ所ほどである。四十歳を機に車の免許を取得し、それ以降はサンプルを自宅でツルグレン装置にかけられるようになった。おかげでシフティングでは採集しにくい小型種の若虫なども得られるようになった。麓から山頂まで調査できた場所もあれば、途中で諦めざるを得なかったものもある。その意味では不十分であったが、知見を重ねていくと共通の傾向が見えてきた。

採集箇所が増加するにつれて、日本国内ならばどこで採集しても類似のパターンを示すことがわかってきたことだ。

最近の研究では、外見上同じような種でも遺伝的にかなり異なることが明らかになりつつある。また、これまでは種内変異であると思っていた集団が、DNA分析などから別種であることもわかってきた（オオヒラら二〇一八）。最近進んでいる系統地理学の手法などを取り入れながらじっくりと研究すれば、地理的分布の現状だけでなく、分布の拡大や縮小に伴う種分化の過程も推測できるようになる可能性がある。さらに、気候変動や火山の成立過程なども考慮に入れた研究が可能かもしれない。最先端の技術を駆使して研究していけば、今後新しい方向性が示されるに違いない。

分布決定要因としての温度

先に述べたように、環境的要因を考えると、その場所ごとに変化しやすい要因（可変的要因）と、変化しにくい要因（不変的要因）があるのではないか、と気がついた。ちょっと言葉の定義が適切ではないかもしれないので、少し説明したい。

可変的要因とは、時々刻々と変化する要因と考えられる。たとえば、森林の形成過程などが考えられる。森林の樹種、樹木の年齢、土壌の状態、撹乱状況などを想定した。また、さらに、季節的な変化も影響する。さまざまな環境で採集しているうちに、これらの要因によってカニムシ相が影響を受けて変化する。

これに対して、不変的要因とは基本的に大きなあるいは急激な変化が見られない要因である。その典型として標高の違いが挙げられる。土壌がある程度形成されるという条件を満たせば、どの標高にでもカニムシが生息することがわかってきた。しかし、種別に見ていくと種構成は明らかに標高の影響を受けているようにみえる。関東地方を例にとると、ムネトゲッチカニムシは低地に集中し、標高が五〇〇mを超えるとほとんど採れなくなり、一〇〇〇m以上ではまず発見できない。このように高さの違いで眺めると、カニムシの分布限界が見えてくる。そのおもな要因は、温度ではないかと推測できた。日本全体の分布を見たとき、地域ごとの細かな要因を比較するよりも、大まかな温度の違いを基本にした方がわかりやすいのではないかという結論に至った。

暖かさと寒さの指数

ベロン（二〇〇二）は、ヒマラヤを含むいくつかの高山性カニムシについてまとめている。それによれば、一四科のカニムシ類が山地の森林に生息しているという。そのうちのいくつかは四〇〇〇mを超える標高に生息しているという。たとえば、これを単純に高山性の種と考えてよいのだろうか。そこに温度差を考慮すべきではないか。

たとえば鹿児島県屋久島の一〇〇〇mと北海道大雪山の一〇〇〇mとでは、標高は同じだがその気候はまるで違う。当たり前のことだが、標高は同じだからといって両者を同じ環境として比較することはできない。ではどういう基準を使えば、わかりやすく示せるだろうか。

そんなときに読んだのが、吉良竜夫著『生態学からみた自然』（一九七一）の中にあった「日本の森林帯」という論文である。これによれば、「日本の森林帯は温度のちがいにもとづく」というものである。さまざまな事例を基に植物の生育に必要な温度について触れた後、手軽に積算できる方法として温量指数を提唱された。これには暖かさの指数と寒さの指数がある。暖かさの指数（ＷＩ）は、調査地点の五℃以上の月平均気温から五℃を引き、各月の値を積算したものだ。一方、寒さの指数（ＣＩ）は月平均気温が五℃以下の月の気温から五℃を引いた値を積算して表す。この方法だと、北海道と九州を同じ基準で比較することができる利点がある。先ほどのベロンのように標高は高いけれども緯度が低い、という違いがあっても比較できる（ちなみにカトマンズを起点として標高四〇〇〇m地点の暖かさの指数を計算してみたら暖かさの指数では大雪山の一四〇〇m地点に近く、寒さの指数では北海道南部の低地並みであった）。

カニムシが生息する土壌環境を正確に把握するには、年間を通じて地温の測定をすることが望ましい。しかし現実として、それは不可能である。それにかわる指標として、温量指数を導入しても問題はないのではないか。地温は大まかに見れば、その場所の気温に左右される。ならば、気温を基準にして比較すれば違いが見えてくるかもしれない。

そこで、これまで採集した場所の「暖かさの指数（WI）」および「寒さの指数（CI）」の値を求めてみることにした。まず、採集地点に最も近い地域の月平均気温を求めた。算出には国立天文台編『理科年表』（一九八五）を用いた。データがない場合は、近くの測候所のデータを参考にした。その結果を**図3−1**に示した。なお種名の表現であるが、一部の個体に今後検討の余地が残るものが含まれているため、文中では「〜の仲間」、と表現している。

WIとCIの両方の範囲が広いと、それだけ分布範囲が広いことを示している。カブトツチカニムシの仲間、オウギツチカニムシの仲間がそれに該当した。WI幅が広くCI幅が狭いグラフは暖かい地方に集中していることを示し、ムネトゲツチカニムシの仲間が該当する。本種は本州中部から沖縄の温暖な気候帯に分布する。分布の北限を推定すると、暖かさの指数の下限が四〇度程度、寒さの指数の下限が三〇度程度である。沿岸を暖流が流れる日本海側の低地で秋田県南部の低地あたりが分布限界と推定

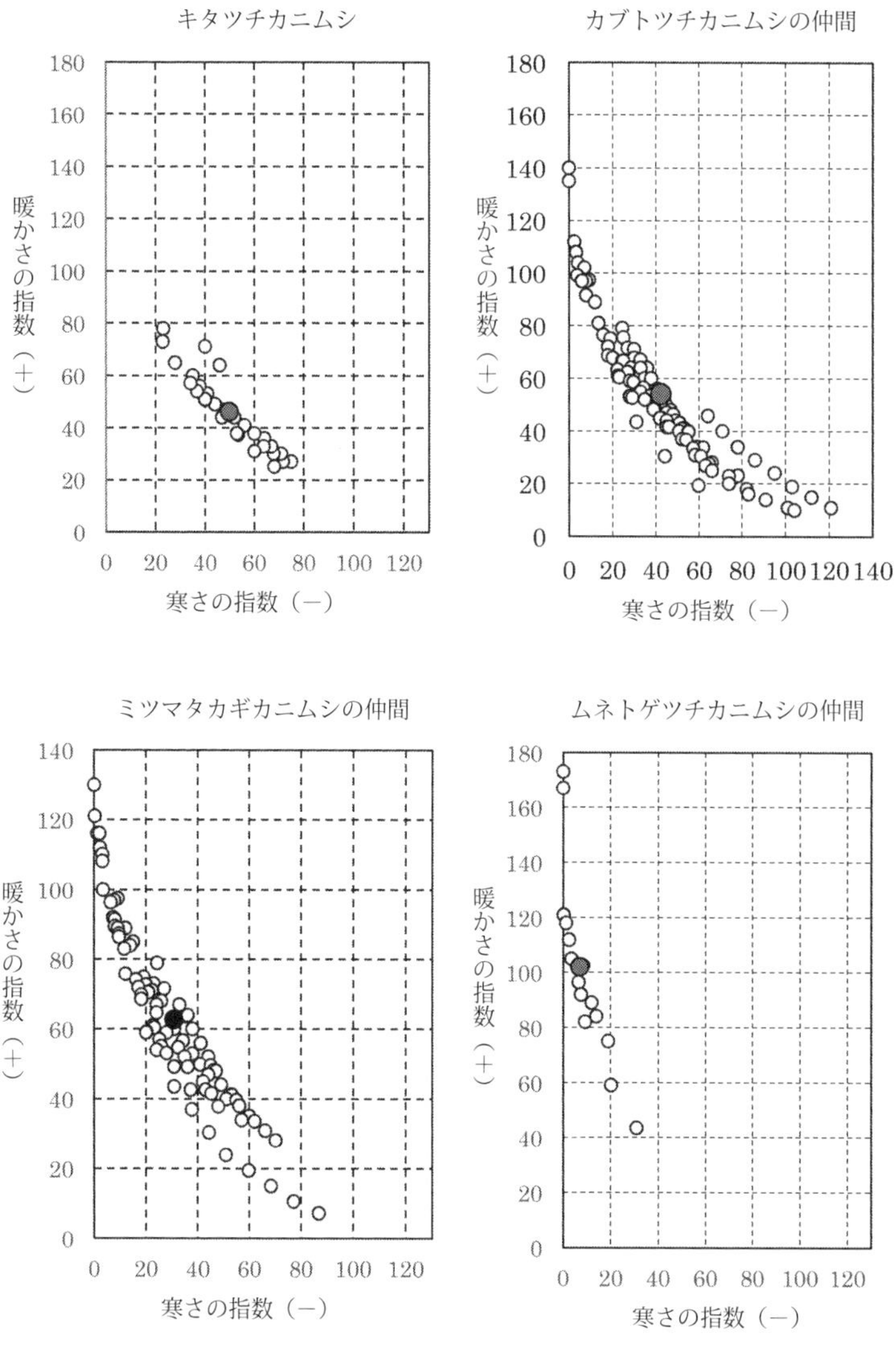

図3－1　暖かさと寒さの指数とカニムシの分布範囲の関係（黒丸は平均値）

される。一方、ＷＩ幅が狭くＣＩ幅が広い場合は寒冷な地域を中心に分布し、キタツチカニムシなどがその例である。ＷＩもＣＩも両方とも狭い範囲である場合は分布がきわめて限定的であることを示している。この結果を見る限り、暖かさ（寒さ）の指数はカニムシの分布を考える際に、参考になり得るだろう。

もちろん、ここに示した結果は過去の採集記録に基づいたものであり、今後さらに情報が増えれば分布限界は修正される可能性がある。また、カニムシの分布が本当に温度に依存するのかを検証しなくてはならないだろう。

温暖化の影響

日本の過去の気候変動を見ると、温暖化や寒冷化を繰り返している。その変化に対応して、カニムシの種も水平方向（緯度）や垂直方向（標高）に分布範囲が動いたと推測される。現在の分布パターンはその歴史的結果として存在している。

たとえば気象庁が発表したヒートアイランド監視報告（二〇一七）によると、ここ百年の間に大雑把に見て二℃から三℃程度年平均気温が上昇しているという。中でも、東京のような都市化が著しいところでは上昇率が激しいようだ。とくに冬の気温が下がらないことは、私自身も現在の場所に四十年間住んでその変化を実感している。気象庁発表の観測データに基づいて東京の低地における温かさと寒さの指数を計算してみよう。一九二〇年のデータではＷＩ＝一一三・一（ＣＩ＝マイナス三・三）に対して百年後の二〇二〇年ではＷＩ＝一三六・四（ＣＩ＝〇）（計算は佐藤）となっていて、上昇していることがわかる。近隣の森林がこれと同じ上昇率ではないにしても、確実に変化していることは確かである。

私が住む街の森を歩いてみると、以前はあまり見られなかったシュロなどがやたらに多くなってきている。また温度変化が直接の原因かどうかはわからないが、ツマグロヒョウモンのような比較的暖かい地方のチョウも増えてきているように思う。カニムシのような土壌動物の場合、すぐには生息環境に大きな影響を受けることはないかもしれない。しかし、長期的に見ると少しずつ分布に影響を与えるに違いない。気温の上昇は、もちろん地温の上昇につながる。

年間の温度変化は、たとえば降水量などにも影響を及ぼすから、土壌中の湿度変化も大きくなるに違いない。そうなれば、亜熱帯地方のように土壌中有機物の分解も早まってカニムシの生息環境に大きな影響を与えることも懸念される。反対に、温度上昇による地面の乾燥化が起こるかもしれない。私の印象だが、近所の公園などを早朝に散歩してみると、朝露が見られない日が多くなっている印象がある。環境の変化にきわめて敏感なカニムシ類が影響を受ける可能性も否定できないのではないか。もちろん、これ以外の要素も影響していることも予想されるので、短絡的に結びつけることはできない。ともあれ、カニムシと環境の関係を調べるうちにこのような問題を考えるようになったことは、私にとって大きな収穫であった。今後、長い目で気候変動を観察し続け、その影響がカニムシの分布にどのような影響を及ぼすのか、可能な限り観察を続けていきたい。

②カニムシが豊かな森とは

高度分布調査によって、カニムシの分布に温度が関係しているらしいことが見えてきた。しかし、一方で同じような温度環境であっても森によってカニムシの多い場所と少ない場所があることが気になった。これは、それぞれの森林の温度以外の環境要因が影響をしているに違いない。これを明らかにするためにはどのような手法があるだろうか。

ある地域の森を考えてみる。そこにはおびただしい種類と数の生物が生息している。その総体を生物群集または単に群集と呼んでいる。大規模な調査を行えば、ある地域の生物群集を総合的に考えることが可能だろう。しかし、現実としてそれは困難だ。一般的には、樹木だけとか、鳥だけとか、甲虫だけ、のように絞り込んで○○群集として研究されることが多い。私はカニムシ群集という視点から環境との関係を調べてみることにした。

種の多様性は豊かである方がよいといわれているが、実際にそれを明確に評価することは難しい。ある地域で多様なムシが発見されたからといって、その役割を明確に示すことがなかなかできない。もちろん比較的わかりやすい例もあるのだが、たいていは神秘に満ちた生物世界の片鱗を見せてくれるに過ぎない。

では、カニムシの多様性が森林の中で果たす役割はなんであろうか。もちろん、捕食者の一員として若干の役割を果たしている、ということはわかっている。ではその重要性の程度はどれくらいか、となるとよくわかっていない。実際にカニムシがいなくとも森はちゃんと維持されているのを見ると、カニムシがいなければ森が滅びるということはなさそうだ。それでは、カニムシに存在意義はない、と判断してよいのだろうか。あるいはアプローチの仕方によっては、なにがしかの意味を見出せるだろうか。

無用の用

そもそも、生物たちは人類のために生きているわけではない。樹木だって人間に木材を提供するために生えているわけでもないし、酸素供給を目的に森を作っているわけでもない。つまり、役に立つか否か、という考えは人類から見た一面的な評価に過ぎない。私はむしろ、多様な生物たちが存在すること自体がそのままで尊いのだ、と考えている。結果的にそれらが複雑に絡み合って、多くの生物が生きられる環境が保たれて自然が安定している。その一部の恩恵を受けて、人類も生存が可能になっているのだ。その奥深さは、人類の想像をはるかに超えているのではないだろうか。

とはいうものの、実際にはやはり人間とのかかわりの中でその意義について考えられることも多い。私は自然におけるカニムシの存在意義を「無用の用」、と定義している。カニムシが地球上に存在しなかったとしても人類は生きられるだろう。しかし、存在することによって豊かな学びを提供してくれているのではないだろうか。つまり、無用に見えるような生き物たちも、立派に存在価値を持っている、と考えることができるのではないか。そんな理屈をこねながら、さらに考えてみる。

第一に、カニムシ自身の持つ形態・生態・行動などの生物学的な価値である。とくにその形状や行動のユニークさ自体が学問的対象として意義がある。『カニムシの生物学』（一九六九）を書いたドイツのヴェイゴルト博士もその著書の序文で次のように述べている。

「カニムシなどという人間の生活にも経済的にも重要でないものをなぜ研究するのか、と聞かれることがある。その答えは簡単だ。人間の心を引きつける自然界は、人に重要かどうかと関係なく学ぶ価値があるのだ」（佐藤訳）

生物としてのカニムシは、まだ少ししか解明されていないといってよい。生態的なおもしろさはもちろんのこと、進化史や遺伝子の持つ意味など、生物学的な研究対象として非常に興味深いと私は思う。

第二に挙げられるのは、生物教材として人を引きつける価値である。中学や高校の理科の授業で土壌動物を扱ったときは、必ずカニムシが採れる環境を私は選んだ。なぜなら、生徒たちにとって一番人気であったからだ。このことは前にも触れたが、薄気味悪い（と多くの生徒が言う）土の中の生き物たちの中で、カニムシに対してだけはかわいいと口をそろえて言う。その引きつける力は、幼児たちの一番人気であるダンゴムシ以上なのである。その行動や生活はまだわかっていないことも多いから、生徒や学生の研究教材としての意義は大きいと考える。ある小学校で理科の先生が、五年生にカニムシを見せたところ、たちまちそれに魅了されて研究を始めた。その後ずっと続けてくれたかどうかまでは、残念ながら聞いていない。しかし、一時期ずいぶん熱中したことがいただいた作文から読み取れた。

第三に、自然の豊かさを示す指標の一つとしてカニムシは使えるかもしれない。確かに生態系の維持を左右する要石のような役割はないだろう。しかし、カニムシが生息する環境は豊かな自然に恵まれていることが多い。とくにそこに生息する種類や個体数との関係など、カニムシが多い森から教えられることがあるのではないか。それが次のメインテーマである。

種数から見た森

先に触れたようにカニムシが豊かに生息する森には、種数と個体数の二つの側面がある。まずは、種数について調べてみることにした。調査してもまったく見つからなければ貧弱、たくさんの種が見つけられれば豊かな森、と解釈して分析を続けてみよう。

ところで、カニムシは一つの地域（森林）に何種類くらい生息しているのであろうか。研究を始めた当初は、こんなこともわかっていなかった。私が持つ過去の採集記録カードを見ると、ゼロから数種類ほどである。過去最高でも真土壌性カニムシ以外の種を含めても一〇種以下であった。ダニやトビムシのように、数十種類も記録されるのとは大きな違いだ。

　土壌動物に関する生態研究結果を調べてみると、ほとんどの場合カニムシ類として一括りで扱われる。種数まで論じてあるものは、残念ながらごくわずかである。その理由は、カニムシがあまり採れないからである。そもそも、カニムシが採集されない例の方が多い。土壌動物の一覧にカニムシの項目が入っていればよい方である。

　そこで、カニムシだけをターゲットにして調べている私自身の結果をちょっと見てみよう。**図3－2**は任意に選んだ全国一六二地点の採集結果を示したものである。これを見ると、一地点から得られた中で種数が最も多かったのは二種で、全体の三四％を占めている。次いで一種の二六％、三種の一九％である。これに対して五種以上を記録したのはわずか五％に満たなかった。このように、少数派のカニムシ類から環境を推定するのは容易ではない。

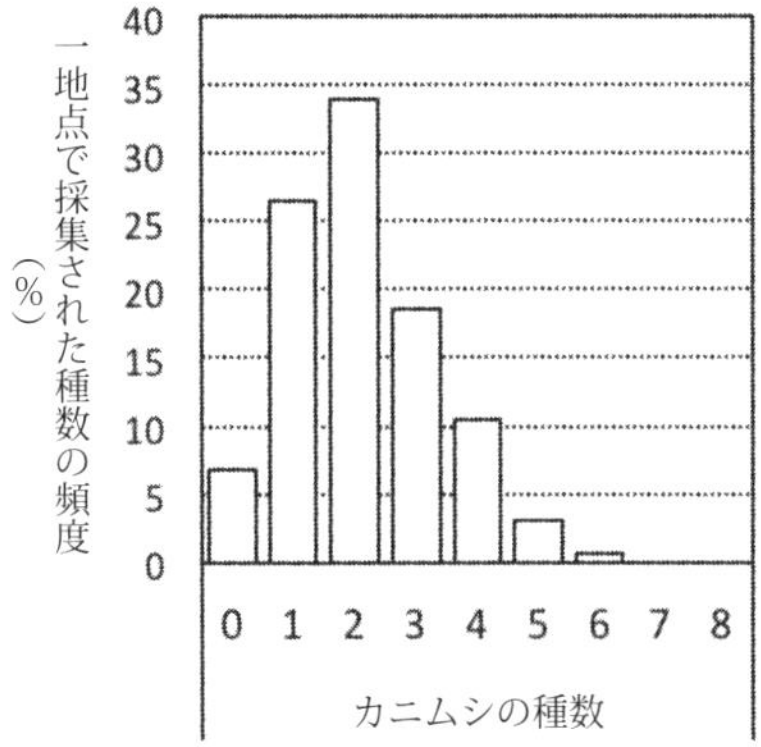

図3－2　1回の採集で得られた種数

　カニムシの多様性に関する研究が行われなかったのには、もう一つの理由がある。カニムシがそもそもどのような環境に生息するかという評価がなされていなかったからである。森を調べていたらカニムシが見つかった、という程度の報告がほとんどであり、それがどのような意味を持つかがわからなかったのだ。数少ない例として、青木（一九八九）は自然度という視点からカニムシを評価している。それによれば、やや高い種（つまり豊かな自然が残る森の構成種）としてカニムシ類を挙げている。では、カニムシの種組成や個体数が森林環境と具体的にどのように関係しているのであろうか。カニムシ相の生態分布の特徴を明らかにできれば、環境指標としても使える可能性があるわけだ。

調査林を探す

森といってもいろいろある。ここではまず、自然林と人工林に分けて考えることにする。ここで意味する自然林は、とくに植林をしないで自然更新されることによってできた林や森のこととする。これに対して人工林は、人間が植林して作った林や森を意味する。

しかし、外見上は自然林のように見えても、かつての里山のように薪炭林として定期的に人の手が入る森もある。明治神宮の森のように、最初は植林されてその後自然更新にゆだねられた森もある。海岸の防風林もあれば屋敷林もある。公園の森・神社やお寺の森など、数え始めればきりがない。もちろん、人の手がほとんど入っていない原生林と呼べるような森林もある。まず、これらの中からどのような森が研究に適しているか、をさぐることにした。すべてを調査できれば理想的だが、一人の力ではとても無理だ。また、対象とする森林に生息するカニムシの種類や数を把握するには、一回に採取するサンプル量も考えなくてはならない。それに加えて、生活史の解明も同時に行いたい。これらのことを考えて、私は次のような計画を立てた。

調査対象を、自然林に限定する。林の成長段階を考えて、初期二次林、発達した二次林、極相林を選ぶことにした。初期二次林とは、放置された状態で新しくできた森林や伐採後に人手によらずに生じた林で、樹木の胸高直径が三〇㎝程度までと考えた。発達した二次林とは、初期二次林からさらに胸高直径が五〇㎝前後に成長した林を想定した。そして、極相林はほとんど人の手が入っておらず自主更新がなされている林と考えた。もちろんこれは、過去のカニムシ採集体験から導いた定義である。具体的には、比較的細い樹木が中心の林（初期二次林）、ある程度年月を経た太い樹木が多い林（発達した二次林）、そして自然更新が繰り返されているとみなせる林（極相林）と考えていただければよい。

次に、調査に耐えられるだけの十分な広さを持つ森林でなくてはならない。比較的均質で広大な面積を持つことも重要である。年間を通じた調査では、落葉層の採取が相当量にのぼるから、落葉の採取によってカニムシ相が激減してしまうようなことがない広さを想定した。

これに加えて、ちょっと欲張りだが低地から亜高山まで大まかに標高差五〇〇m間隔で調べることにした。標高の違いによって、種数や個体数そして生活史がどのように変化するのか、を把握するためである。

そしてもう一つ、間伐・落ち葉掻き・下刈り・整地などの人為的影響の形跡がある程度認められた森林と、それらの影響がほとんど認められなかった森林を選んで調べることにした。当時は野生動物による攪乱はほとんど見られなかった。

これらの地点をすべて同時に処理できれば理想だが、自宅のツルグレン装置の能力や、サンプル処理の手間、一回で運搬可能な量、採集を終えてその日のうちに戻れる距離、などを考慮して毎年一地点または二地点に限定した。ただし、同じ地域で標高が異なる場合は同日に調査した。候補地も最初からすべて決まっていたわけではなく、少しずつ探し回りながら五年以上をかけて全部で一四地点を選定した。さらに欲張って、積雪の影響を見るため山形県の三地点を加えて比較した。

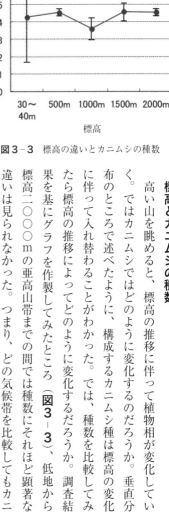

標高とカニムシの種数

　高い山を眺めると、標高の推移に伴って植物相が変化していく。ではカニムシではどのように変化するのだろうか。垂直分布のところで述べたように、構成するカニムシ種は標高の変化に伴って入れ替わることがわかった。では、種数を比較してみたら標高の推移によってどのように変化するだろうか。調査結果を基にグラフを作製してみたところ（**図3－3**）、低地から標高二〇〇〇mの亜高山帯までの間では種数にそれほど顕著な違いは見られなかった。つまり、どの気候帯を比較してもカニムシの種数は四～五種類程度で安定していることを示していた。図には示さなかったが、山形県の豪雪地帯の結果も同様であり、降雪の影響はそれほど受けていないようであった。

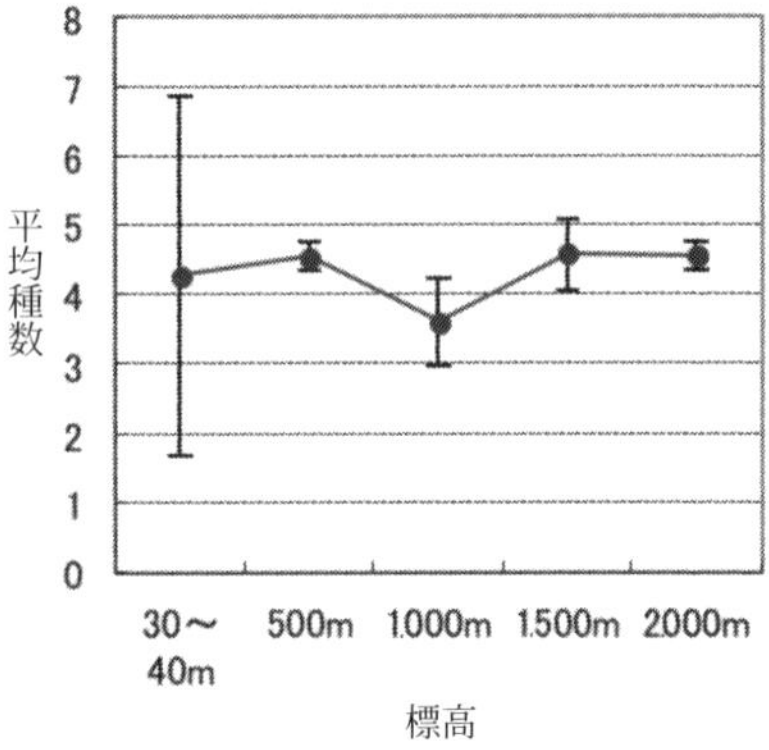

図3－3　標高の違いとカニムシの種数

　一般にダニ類やトビムシ類を見ると、一つの標高から数十種類が採集される。これに対して、カニムシの場合はそれよりも一桁少なかった。本調査では温帯から亜高山帯までしか調べていない。しかし他の垂直分布調査結果（佐藤二〇一二）を見ると、高山では明らかに種数が減少するようだ。これに対して亜熱帯に属する小笠原諸島や沖縄地方で採集した結果でもほとんどが一～四種類であり（未発表）、大きな差が見られない。青木ら（一九八二）が東カリマンタンで行った調査結果を見ても六種（うち真土壌性は四種）に過ぎなかった。

　ガブット（一九六七a、b、c）がイギリスで行った通年の調査によると、わずか三種が得られているのみである。一地点から土壌性の種のみが一〇種類を超えた例はこれまでのところ日本では確認されていない。

森林の発達と種数

次に、森林の発達段階とカニムシ種数との間に相関があるかどうかを、初期二次林、発達した二次林、極相林に分けて比較してみた。**図3－4**を見ると、初期二次林では平均種数が三・九種、発達した二次林が四・六種、極相林では四・八種であった。初期二次林では種数のばらつきが大きい傾向にあった。これに対して森林が成熟して極相林に達すると、種数が安定し地点間の偏差値幅も小さくなる傾向を示した。

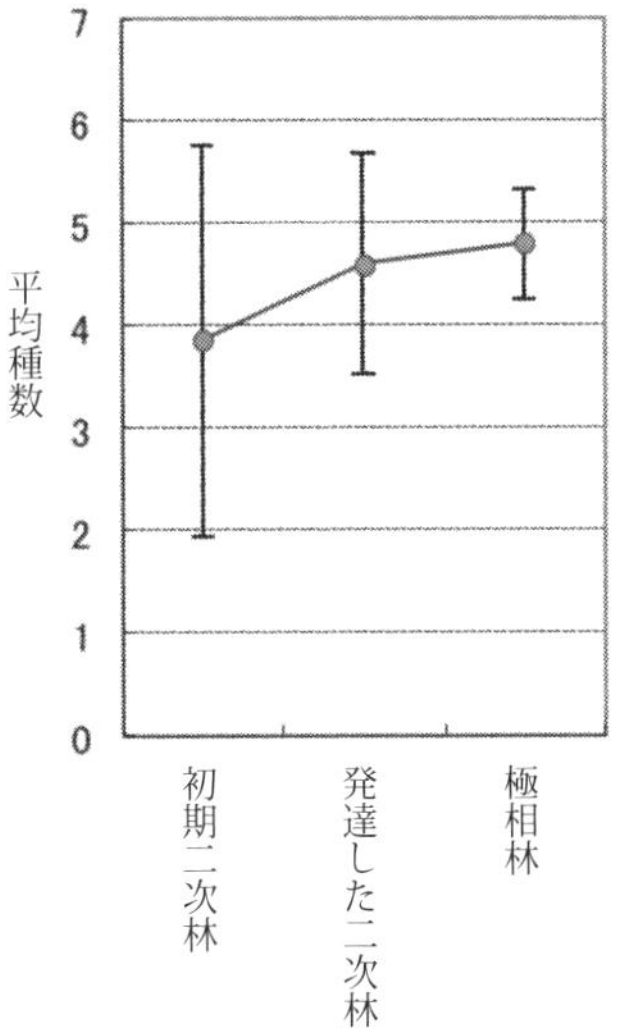

図3－4　森林の発達段階と平均種数の変化

その理由についてはいくつかの要因が考えられるが、カニムシ自体の移動能力および土壌環境への適応性と関係があるのではないかと推測している。トビムシ類やダニ類などでは、土壌が形成されるとすぐに先駆的役割を持った種が侵入してくる。このような役割を持った種が、カニムシでは存在しないと考えられる。森林が破壊されてしまうと、そこへ再びカニムシが外部から侵入するのに長い時間を要するのであろう。実際に草原から森林が復活しつつある場所では、採集されるカニ

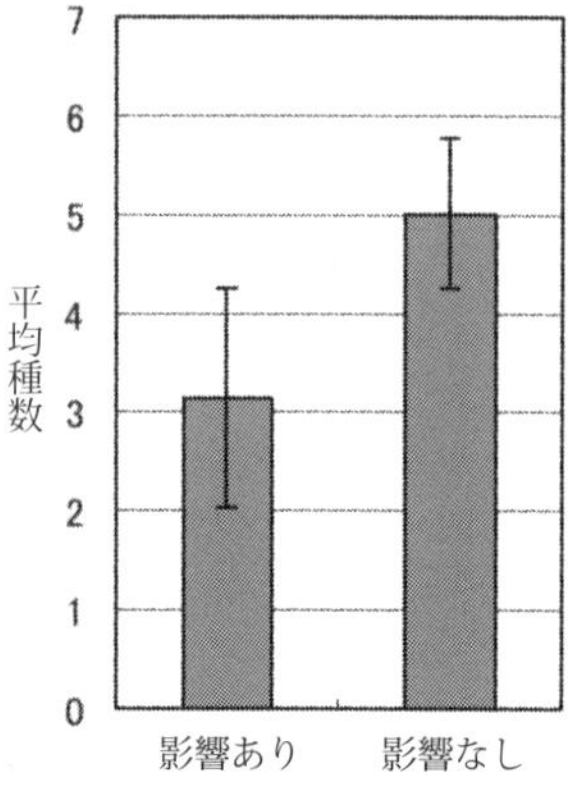

図3－5　人為的影響（攪乱）の認められた森林と認められなかった森林における平均種数

ムシの種数は極端に少なくなる。どうやら回復にかかる時間は、森林および土壌環境の復活に要する時間と関係するらしい。また周辺に自然林が存在するかどうかなどの要因も、カニムシ種数の回復に大きな影響を与えるものと思われる。

人為的攪乱

次に、人為による土壌の攪乱がカニムシの種構成に与える影響について比較してみた。人為的攪乱には地表面からの落葉採取以外にもいろいろな場合が考えられる。今回の調査地点では、落葉採取が中心で他の影響は比較的少ないように見受けられた。落葉採取の痕跡が多い森林とほとんど認められない場合とを比較してみたのが、**図3－5**である。これによると、人為的影響を受けていない森林（一二地点）では五・〇種であったのに対し、受けた森林（五地点）では三・一種であった。単純計算で人為的影響が認められない森林は影響を受けた森林の一・六倍の種数が確認された。この結果を見ると、どうやら林床が攪乱されるとカニムシの種数や個体数は減少してしまうようである。

実はこの傾向は、都市部の森林ではより顕著である。**表3－1**は、都市部におけるさまざまな緑地のカニムシ相をまとめたものである。これを見ると、まず都市部の緑地ではカニムシはほとんど採集されない。しかしながら、ある程度土壌が堆積してくるとチビコケカニムシまたはムネトゲツチカニムシの生息が認められた。これに対して、関東地方の自然林ではふつうに見られるオウギツチカニムシ、カブ

表3－1　都市部の森林で採集されたカニムシ類［青木・小作 1983、小作 1985、原田 1991（以上の同定は佐藤）、および佐藤の採集結果（未発表）を基に作製］

得られたカニムシの種類／調査した都市部の森林	カブトツチカニムシ	オウギツチカニムシ	ミツマタカギカニムシ	ムネトゲツチカニムシ	チビコケカニムシ
大規模な植林					
周囲が市街地の大規模な雑木林					
旧芝離宮恩賜庭園					
周囲が市街地の大規模な雑木林					○
雑木林のある良好な住宅地					○
郊外地にあるシラカシ林					○
近郊緑地特別保全地区内の森林				○	
周囲が市街地の大規模の樹林				○	
市街地にあるスダジイ林				○	
大規模公園内の良好な雑木林				○	○
周囲が針葉樹林の小規模緑地				○	○
農地と共に利用されている雑木林				○	○
周囲の環境が良好な大規模の植林				○	○
周囲の環境が良好な竹林				○	○
規模の大きい雑木林				○	○
雑木林のある良好な住宅地				○	○
植林の中に点在する自然林				○	○
目黒自然教育園				○	○
小石川後楽園				○	○
明治神宮				○	○
東京近郊の発達した二次林	○	○	○	○	○

トッチカニムシ、ミツマタカギカニムシなどは出現しない。おそらくこれらの種は、環境の変化に敏感なのであろう。あるいは、一度消滅してしまうと周辺から入ってこられないのかもしれない。環境変化に耐性を持つ種との差を決定する要因は何か。今後調査を進めていく必要がある。坂寄（二〇〇〇）は、都心部に残る数少ない緑地である皇居の調査を行っている。それによれば、皇居内の森では多くの地点でムネトゲツチカニムシとチビコケカニムシが採集されたが、カブトツチカニムシが得られた場所はごく一部に過ぎず、その個体数も少なかったという。また山本（二〇〇一）は攪乱度指数を求めてカニムシ相を比較した。その結果を見ると、ミツマタカギカニムシなどは攪乱された森林には侵入しにくく、ムネトゲツチカニムシやチビコケカニムシが攪乱後に侵入しやすいことが示された。これは**表3－1**の結果とも一致する。

③カニムシ群集から見た森

青木（一九八三）は靴底と同じ面積の土壌中にどれくらいの生き物が生息しているか、をやさしく解説している。それによれば、明治神宮の森ではムカデが一・八個体、ワラジムシが一一個体、トビムシが四七九個体、ダニが三二八〇個体、センチュウではなんと七万四八一〇個体、などとなっている。これはとてもわかりやすい表現だが、研究する場合は通常一㎡あたりに換算して比較している。

土壌動物学では、微小な生き物を扱うことも多く、その場合は小さな打ち込み缶を用いて調査することが多い。サンプルサイズが大きいと処理するための労力が追いつかない。そこで、小さなサンプルを採取してその結果を基に推定する方法をとる。

カニムシは実際にどれくらいの密度で生息しているのであろうか。この観点に立って、調査して調べてみることにした。採取する土壌の面積を決めて、同じ基準で比較することができるように配慮した。

森林ごとの密度を比較する

一七地点で採集された全カニムシ個体の生息密度について考察してみよう。各地点で年間を通じて行った月ごとの調査の中で、一平方メートルあたり最も密度が高かった月と最も低かった月をグラフで比較してみることにした。その結果が**図3-6**である。

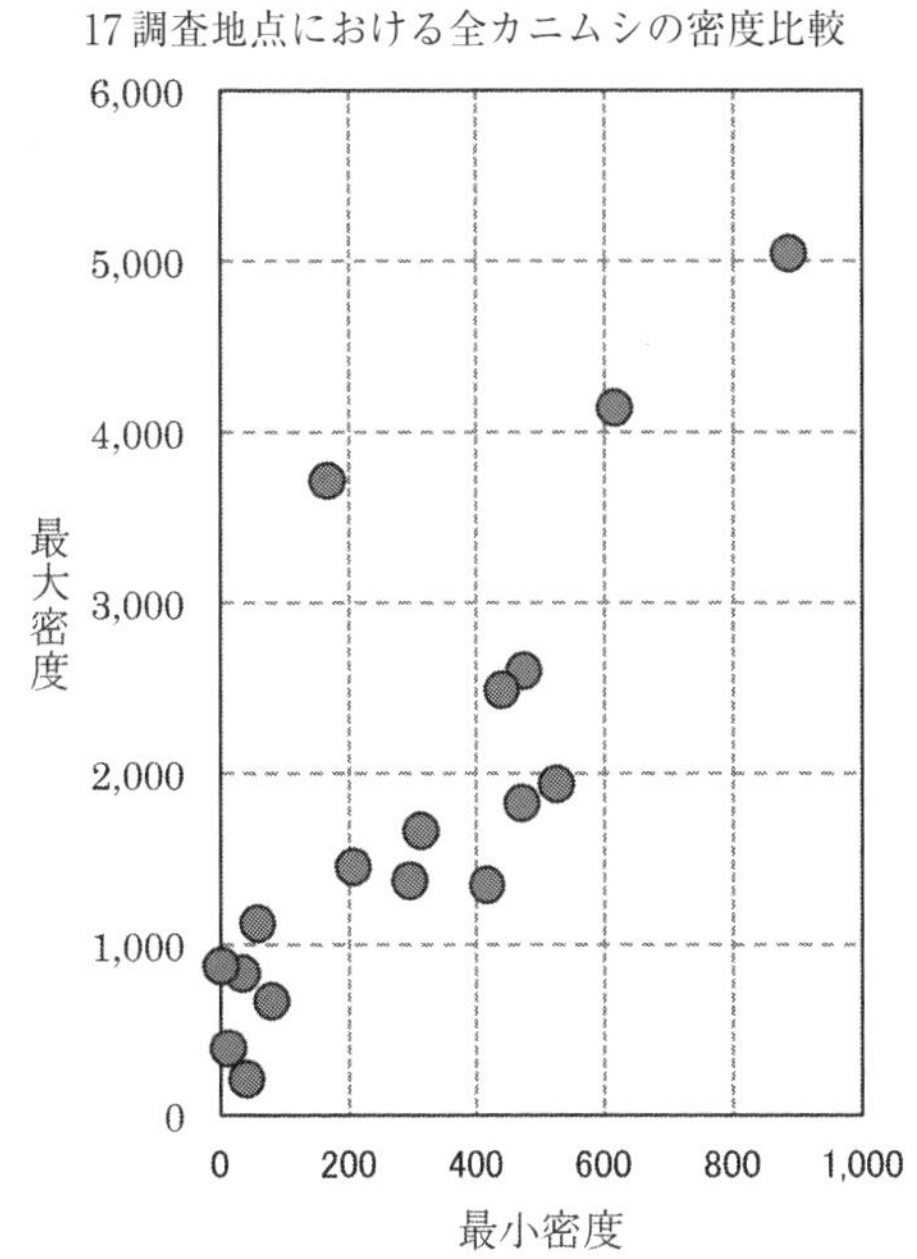

図3-6 調査地点の最大密度と最小密度（個体）の関係（佐藤2003）

最高密度を記録したのは、関東地方の標高二〇〇〇m地点で、五〇四四個体/㎡という驚くべき数値であった。ちなみにこの記録は、私が知る限り世界最高密度である。大人の靴底の広さを二五×一〇㎝と仮定して、先ほど紹介した青木の方法を当てはめると、足の下に一二六個体ほど生息しているという計算になる。カニムシとしては驚異的な数値だが、ダニやトビムシには及ばない。低密度を見ると、最低は〇個体、であった。最高密度は夏季に、最低密度は冬季を中心に見られた。その理由は、夏季に繁殖する種が多く、多数の第一若虫が誕生する影響が挙げられる。また年間を通じて高密度を示したのは、極相林または発達した二次林であった。全体的に見て、最高密度の値が高い地点では最低密度の値も高い傾向にあった。

調査結果を考察するとき、カニムシの持つある特性を常に念頭に置く必要がある。それは、採集されるカニムシは常に自由生活個体に限られる、という点である。土壌性カニムシは、脱皮や抱卵や越冬などの目的で巣（繭）に閉じこもる。その間、ツルグレン装置では抽出できないのだ。もちろん篩取り法（シフティング法）の場合も同様である。たとえば、夏季や冬季のいずれかに一度だけの調査をした場合、まったく採集できない種があったとする。この場合、採集されなかった種がそこに生息していない、とはいえないのだ。たとえば、ムネトゲツチカニムシは冬季に姿を消し、アカツノカニムシは夏季に姿を消す。このことを考慮すると、環境評価は一回の調査では不十分である。したがって、ある地点のカニムシ相の全体像を把握するためには、季節を変えて複数回のサンプリングを行うことが望ましい。

では、営巣中の個体を把握することはできないのであろうか。一度、抱卵中と思われる時期に抽出を終えた土壌を水洗いして探してみたが、困難を極めたうえまったく発見できなかった。切片を作って調べればあるいは可能かもしれないが、効率的とはいえない。むしろ、飼育などの結果を参考にしながら考察していく方がよいと思われる。

群集の多様性を比較する

次に、多様度指数を用いてカニムシ群集を比較してみることにした。地域ごとの動物相を比較するとき、群集の複雑さを表す多様度という基準がよく使われる。いろいろな表現方法が考案されているが、種数だけを扱う場合と種数および個体数の両面から考察する方法などがある。種数だけの比較をするというのは、たとえばある地域に一〇種類が生息していて、別の地域には二種類が生息していたとき、前者の方を多様性が高いと判断する。

これに対して、種数に加えて個体数も考慮した場合には、調査した場所の種数が多くお互いの種の個体数が拮抗している方を多様度が高いとみなす。

一方、一種だけ突出して個体数が多い場所や種数そのものが少ない場合は多様度が低い、と評価される。仮に、二つの地点の結果を比較したとき、ある地点に一〇種類いて合計一〇〇〇個体確認されたとする。どの種も一〇〇個体ずつ拮抗して生存しているとしたら多様性が高いとみなす。もし一種類が九一〇個体で、残りがそれぞれ一〇個体程度だったとしたら、一種類が突出して優先しているので、多様度は低いとみなす。地域ごとの数値を比較するときの指標の一つとしてよく使われる。

カニムシの場合は、どのような特徴が見られるだろうか。定期調査で得られた結果を基に、いくつかの多様度を算出して比較検討してみよう。

元村（一九三二）は群集を構成する各種の個体数と順位の関係に規則性があることを発見した。種を個体数が多い順に並べると、その個体数は等比級数的な特徴を示すのである。これを元村の等比級数則と呼ぶ。簡単にいえば、直線グラフの勾配が大きいほど（立っているほど）多様度が低く、小さいほど（寝ているほど）多様度が高い集団であると考える。標高二〇〇〇mの極相林と低地四〇mの初期二次林の結果を比べてみよう。種ごとに見た個体数の結果が実線であり、この結果から得られた回帰直線が点線のグラフである。**図3－7A**の極相林では点線の傾きが大きい。これに対して、**図3－7B**の低地四〇mの初期二次林の破線では傾きが緩やかであることがわかる。この比較から、B地点の方がカニムシ群集の多様性が高い、と判断する。同様に他のすべての地点で計算すれば、比較することが可能だ。

分析した結果、極相林では一種類の個体数が突出して多くなり、グラフの傾きは大きい傾向を示した。次いで発達した二次林、初期二次林の順に傾きが緩やかになる傾向を示した。ただし、人為的影響が大きかった初期二次林では採集される種数そのものも他に比べて少なく、結果として一種が突出して多くなった。点線の傾きだけを見ると、極相林とよく似た数値となってしまった。

森下（一九六七）は、β指数という多様度指数を提案している。ある種の個体数が群集の中でどれだけの割合を占めるか、を基に計算する。一種類の個体数が突出して多いと多様度指数は小さい値を示し、それぞれの種の個体数が拮抗していれば多様度は大きい値を示す。一七調査地点におけるβ指数の結果

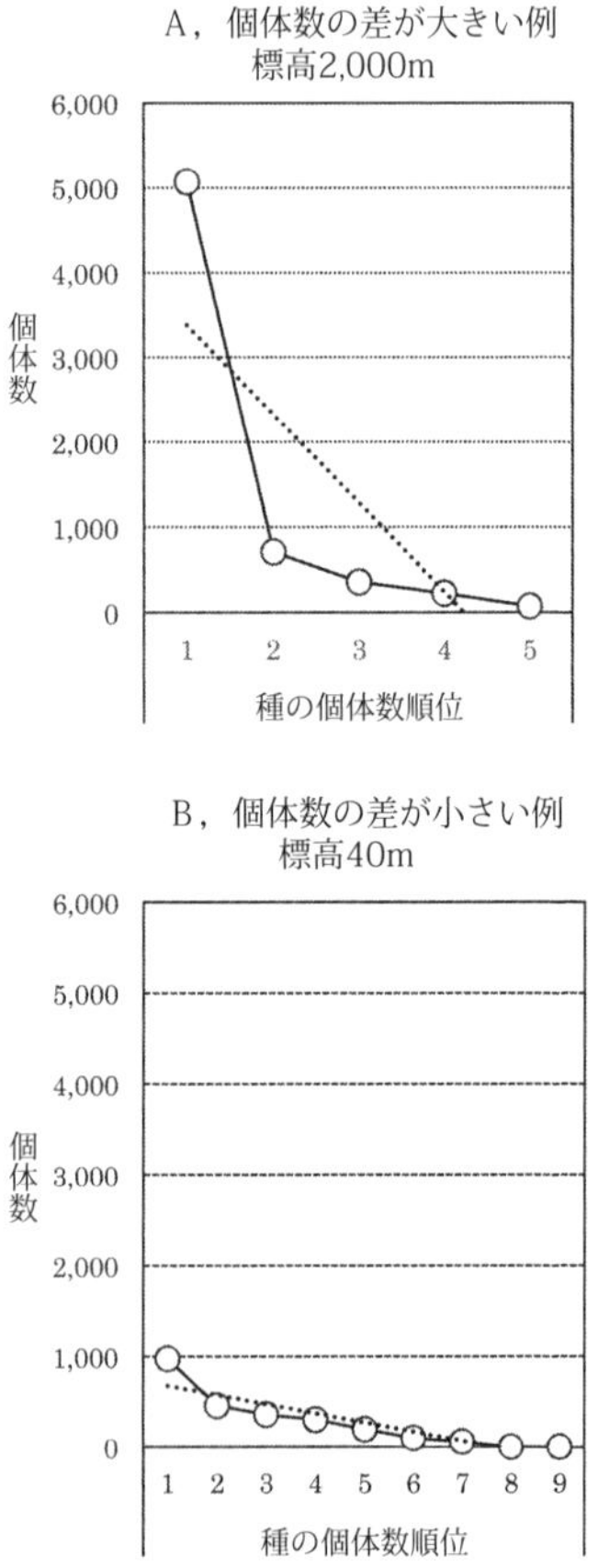

図3－7　元村の等比級数則に基づいた多様度の比較

表3－2　β指数の高い順に見た調査地点のカニムシ群集。A・B・Cは同じ標高の異なる採集地点を示す。

採集地点	β指数値の高い順
関東 40mB　初期二次林	5.33
関東 40mA　初期二次林	4.11
東北 600m　発達二次林	3.19
東北 800m　極相林	3.09
関東 1,000mA 初期二次林	2.84
関東 1,000mB 発達二次林	2.59
関東 1,000mC 初期二次林	2.54
東北 400m　発達二次林	2.46
関東 1,500mC 発達二次林	2.44
関東 2,000mA 極相林	1.92
関東 500mC　極相林	1.92
関東 2,000mB 極相林	1.54
関東 500mB　極相林	1.47
関東 1,500mB 発達二次林	1.46
関東 500mA　極相林	1.32
関東 1,500mA 極相林	1.30
関東 40mC　初期二次林	1.27

を高い順に**表3－2**に示した。一部の例外はあるものの、全体的傾向として二次林では多様性が高く、極相林では低い、という傾向を示した。これは元村の等比級数則から得たの結果と同じといえる。

私たちは外見上、手つかずの原生林のような森を見て自然が豊かであると理解することがある。動物の多様度を計算すると森林が成立したばかりの状態よりも極相林の方が高くなるといわれている。カニムシでもそのような傾向が示されると期待した。しかし実際には、元村の等比級数則の場合と同様、極相林と人為的影響の強かった初期二次林の数値が低い値を示したのである。この混乱はいったいどう理解すべきなのだろうか。改めて生のデータをじっくりと見ているうちに、私はあることに気がついた。

それは、β指数の値をそのまま単純に比較してはいけないということである。たとえば、β指数が低い値を示した初期二次林では種数や個体数そのものが少ない。ところが、極相林や発達した二次林では種数も多く個体数も多い。ただ違いは、カブトツチカニムシの個体数比率が他種よりも極端に高い、ということである。

カブトツチカニムシは全国に広く分布し、比較的安定した森林に普通に見られる種である。分布範囲は広く、低地から高山帯にまたがっている。成虫の体長が一㎜ちょっとの小型種である。その個体数が多様度に大きな影響を及ぼしているらしい。そこで、このカブトツチカニムシの個体数が全体に占める割合に注目してグラフを作製してみることにした。その結果が**図3－8**である。縦軸にはβ指数の値、そして横軸にはカブトツチカニムシの全個体数に対する割合で示してある。

一七地点のうち一四地点については、多様度指数とカブトツチカニムシ個体数の割合は負の相関関係にあって図に示した直線上にほぼ並んでいることがわかる。言い換えれば、カブトツチカニムシの割合が低いときはβ指数の値が高く、割合が高くなるにつれて低くなっているのである。

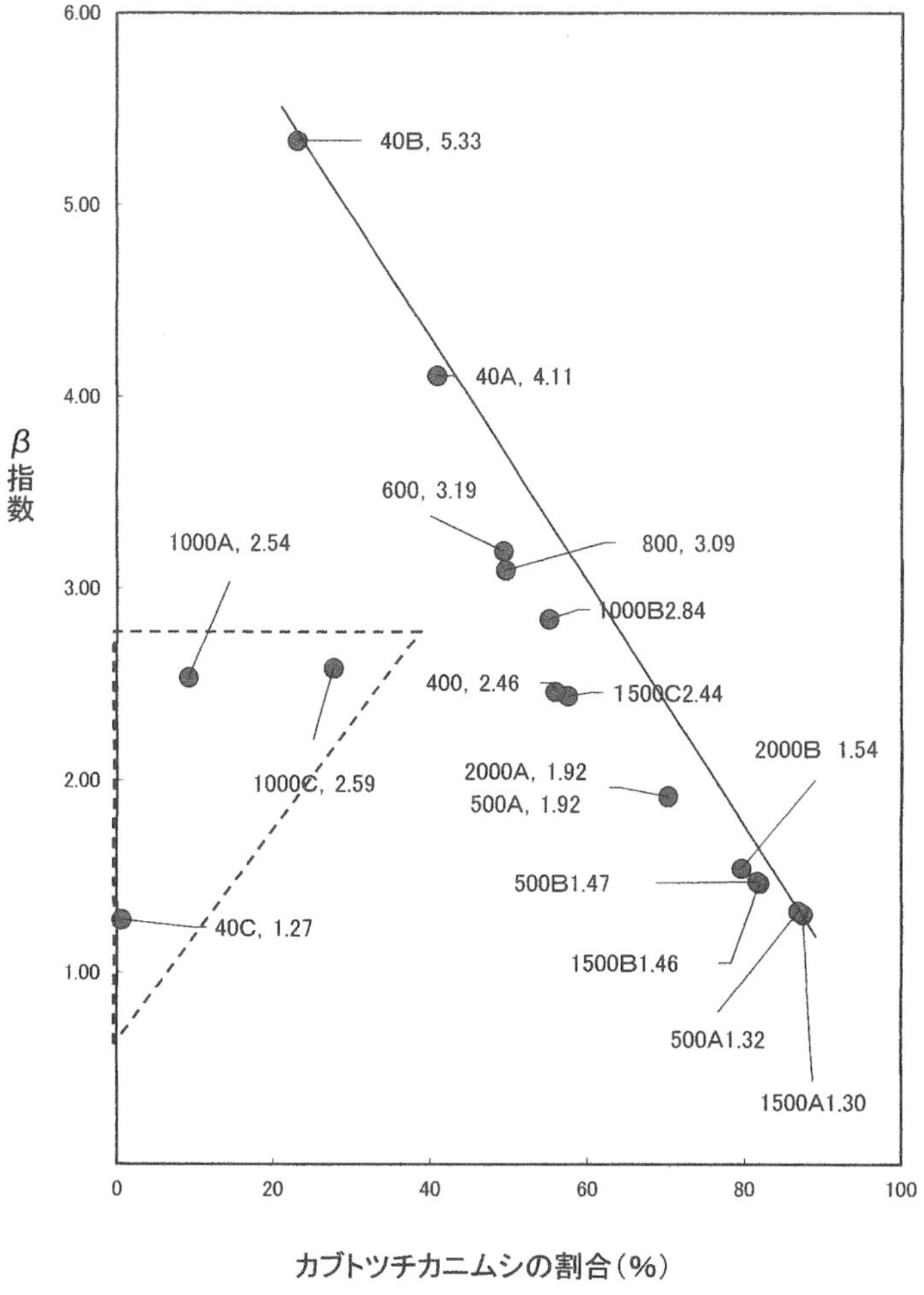

図3-8　β指数とカブトツチカニムシの割合の関係（グラフ内の数値は標高とβ指数値）

ところがその中で、三つの地点（一〇〇〇ｍA、一〇〇〇ｍCおよび四〇ｍC）がこの直線から大きく外れている。破線の三角形内に含まれる三地点は直線上に当てはまらないのである。それはカブトツチカニムシがほとんど採集されないためであると考えられる。とくに四〇ｍC地点では年間を通じて一度だけ、一㎡あたり六個体のカブトツチカニムシが採集されたに過ぎなかった。他の二地点でも、β指数の値は高いがカブトツチカニムシの個体数割合が低かった。

では、この結果をどのように理解すればよいのだろうか。実は直線から外れたこれら三カ所は、いずれも人為的な影響が大きいと判定された。つまり、初期二次林や人為的影響の大きい森林でカブトツチカニムシが少なかったのだ。

以上の結果を総合的に判断してみると、森林カニムシの発達段階とカニムシ群集の多様度の変化について、次のように要約できる。

①ごく初期の二次林、または人為的攪乱が大きな森林ではカニムシ群集の個体数は少なく、多様度も低い。

②土壌環境が安定してくると種数も個体数も増加し、群集の多様度が増加する。

③森林が十分に発達して土壌が安定すると、カブトツチカニムシの割合が高くなり多様度指数は低くなる。

今回の結果は関東地方と一部東北地方のカニムシ群集を調査したものであり、この傾向が全国に共通するものであるかどうかについては、今後の研究を待たねばならない。

類似度指数から見る

次に、森林間のカニムシ相をお互いの類似性という視点から検討してみることにした。全国を旅していると、地域によって森林の様子がまったく異なる。私は東北地方出身なので、ブナ林がふるさとの森といえる。受験のために上京したとき、シイ・タブ・シラカシなどが茂る薄暗い森に違和感を覚え、慣れ親しむのに時間がかかった。

このように、印象だけでも生物相の違いを感じることはできる。しかし、お互いの生物群集を比べて、実際にはどの程度似ているのかは具体的な数値で表した方がわかりやすい。

それらは基本的には類似度指数によって比較される。一般的には、構成する種の類似性を比較する方法と、種と個体数の両方を加味して比較する方法が工夫されている。ここでは、種の構成だけを比較したジャッカード（Jaccard）の共通係数（CC）および種組成と個体数の両面から比較した木元のCΠ（Cパイ）指数を利用して検討してみよう。

詳細は省いて結果だけを示す。**図3－9**のジャッカードによる共通指数を比較すると、標高五〇〇mと一〇〇〇mの間を境にして大きな二つのパターンが存在するらしいのだ（点線で示してある）。まず、標高四〇〇m地点と五〇〇m地点のカニムシ相は類似していた。これに対して標高が一〇〇〇m以上の地点で互いに類似していることがわかった。さらに興味深いことには、標高一〇〇〇m以上のカニムシ相は、奥羽山地のカニムシ相と類似することがわかった。関東地方の一〇〇〇mから一五〇〇m地点はブナ林やミズナラ林であり、東北地方の山地もブナ林である。つまり類似した気候帯なのだ。その意味では、両者が植生の面でもカニムシ相の面でも共通しているのは理解できる。先に示した温量指数による比較結果とも合致する。興味深かったのは、関東の標高二〇〇〇mのコメツガ林が東北地方のブナ林と類似していたことだ。

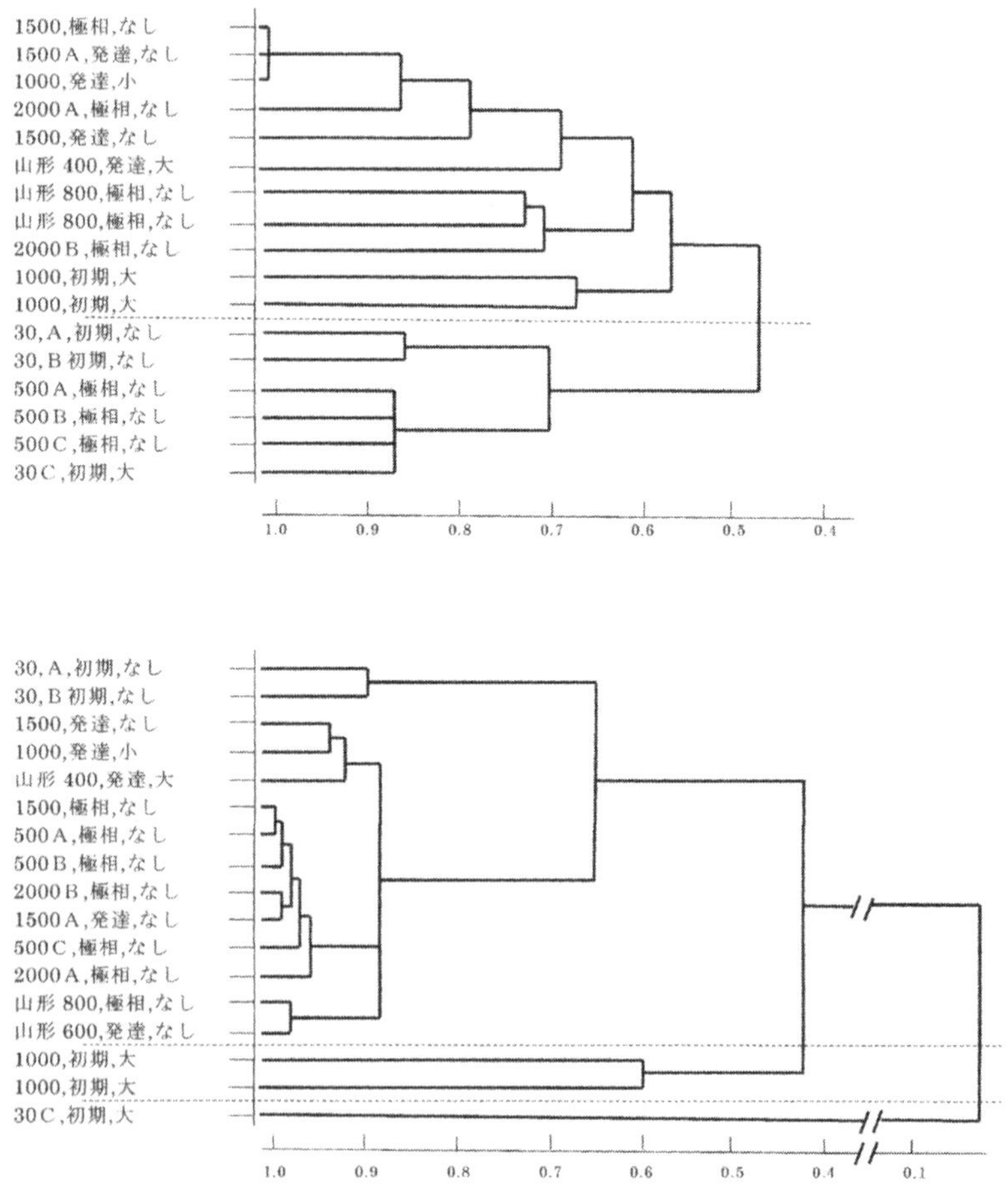

凡例：数字・標高、ABCは同じ標高で採集地点の違い、初期・初期二次林、発達・発達した二次林、極相・極相林、なし・人為的影響認められない、小・人為的影響が小さい、大・人為的影響が大きい

図3-9 上はジャッカードの共通係数、下は木元のCⅡ指数をそれぞれデンドログラム化した

もう一つの特徴としては、標高差ほど大きな違いではないが、初期二次林や人為的影響が大きい環境は極相林などに対して類似度が低く、別の集団に分けられてしまったことである。これは初期二次林では共通種数が少ないことと関係すると思われる。

次に、木元のCΠ指数で比較してみた。結果を見ると、標高の違いではなく森林の発達、とくに土壌の安定性との相関が強いことが明らかとなった。採集した場所が初期二次林や人為的影響があったか、それとも安定した極相林に近いか、によって明瞭に分けられたのだ。この結果は、標高などよりも森林の土壌形成による安定化が関係を持つらしい、ということを示している。つまり、個体数を含めた類似性を比較すると、カニムシ相の類似性は森林の安定性と関連しているということである。

以上をまとめると、種の構成だけで比較すると各地の類似性は標高に依存する。一方、それに個体数を加味して比較すると、類似性は標高の差よりも（もちろんまったくないわけではないが）森林の発達に依存する傾向が強くなるということである。

野生動物の影響

最後に、本調査を実施した後になって起こった変化について触れてみたい。撹乱は必ずしも人間による影響だけとは限らない。西暦二〇〇〇年ごろから、私が調査した場所では、野生動物の進出が目立ってきた。時を同じくして、全国でシカ・イノシシなどの野生動物の被害が多くなってきている。

人為的影響と同様に獣類による撹乱がカニムシ相にも影響を及ぼしているのではないか、と懸念された。以前調べた場所を再度訪れてみると、かつてのササが、美しいブナ林が、シカやイノシシによって見るも無残に掘り散らかされていた。ササ群落に覆われていた土壌がむき出しになっていた。哺乳類の

表３－３　関東地方標高1,500 m地点における動物の攪乱によるカニムシ群集の減少

採集年月 / 種名	2016年 11月20日	1983年 11月4日
カブトツチカニムシ	9	760
オウギツチカニムシ	0	35
オウコケカニムシ	0	10
チビコケカニムシ	0	10
アカツノカニムシ	5	60
チビカギカニムシ	18	840
合計	32	1,715（n/m²）

増加に伴ってマダニやヤマビルが増加して、採集活動もままならないありさまだ。以前は、森の落葉の上に座って篩うのが楽しみであったが、最近はうっかり腰も下ろせない。実際にダニが衣服の上を歩いていたり、ヒルに血を吸われて下着が真っ赤に染まることも何度かあった。表面だけ見ると柔らかな落葉層なので腰かけたら、落葉の下に隠れていた大量の糞が衣服について困ったこともある。では哺乳類の増加によってカニムシがどれくらい影響を受けているのであろうか。かつて調査した場所で、後にシカ害が多い場所を再調査し、結果の一部を**表３－３**に示した。その結果、六種のうち三種類はまったく採集できなかった。個体数も同じ月で比較してみると、かつての結果とは比較にならないほど、著しく減少していた。大型動物の保護の陰に隠れて、目立たない動物たちが激減している現実を忘れないでいただきたい。

森林の環境診断

これまで得られた結果を整理してみよう。森林が形成されて発達する様子は次のような変化として捉えられる。

図3−10　A：晩秋のミズナラ林（ササの葉がシカに食いつくされた様子）、　B：地表面に散乱するシカの糞

まず、荒れ地に植物が生育してやがて二次林が形成される。二次林は遷移しながら次第に発達し、最終的に極相林となって安定する。

関東地方においては、荒れ地から森林形成初期の過程では真土壌性カニムシはほとんど侵入できない。カニムシが生息できる落葉層が形成されていないからである。その後、落葉層が形成されて孔隙の量や湿度などが安定してくるに伴って、チビコケカニムシやムネトゲツチカニムシの一種などが侵入し増加する。さらに安定化が進むとオウギツチカニムシやミツマタカギカニムシなどが増加する。またカブトツチカニムシが見られるようになる。極相林になると、カブトツチカニムシの個体数が優先し他を圧倒して安定する。その密度は一㎡あたり一〇〇〇〇個体を超えることもまれではない。

ただし、人や動物の影響あるいは自然災害などによって土壌の攪乱が起こると、カニムシ相は初期二次林的な様相を呈する。また、標高の高い地域ではムネトゲツチカニムシやチビコケカニムシが欠落し、かわりにチビカギカニムシやフトウデカギカニムシなどが参入して遷移が起こるようである。これらに、地域特有の種が加わることもある。

この一般的傾向は、森林土壌の状態を診断するための一助となるかもしれない。つまりカニムシ群集を分析すれば、自然の豊かさがちょっぴり見えてくる。具体的にいえば、森のカニムシ相を調べたとき、そこが初期二次林なのか、極相林なのか、などが推定できる。また人為的影響が大きいか小さいか、などもわかる。またその場所がどのような気候帯に属しているのか、なども判断できる。土壌動物としての役割は小さいかもしれないが、環境指標生物の一つとして使える可能性がある。

また、垂直分布調査と全国各地の採集結果をさまざまな視点から比較検討することによって、土壌性カニムシ類の環境との関係を予測できるようになった。たとえば、ある地点のカニムシを調べるとき、そこにどのような種が分布するかをあらかじめ予測できる。日本各地の調査依頼などを受けたときなど、その特徴を事前に推定できるだろう。また、生息しているはずのカニムシが採集できなかったりしたとき、その原因についての考察も可能になるのではないかと考えている。今後データを蓄積して、環境分析に使えるまでになればと願っている。

④土壌性カニムシの生活史をさぐる

さて、難関の生活史について考えてみたい。困難な理由は、季節変動があいまいで生活史の全体像が見えにくいからである。日本でカニムシの生活史について述べた論文は、モリカワ（一九六二）が愛媛県で標高を考慮に入れながら季節消長を基にして推定したものが唯一であった。それによると、オウギツチカニムシは一年で成虫になると推定している。これに対してミツマタカギカニムシは成虫になるまでに二年以上を要する可能性があるという。また、アカツノカニムシは冬季に出現し、夏はどこかに移動している可能性を示唆している。ではどのように調査すれば明らかにできるだろうか。これについてはガブット・ヴァションーン（一九六三、一九六七ａｂｃ）を参考にした。毎月一定量のサンプルを採取して、そこから得られる個体数から生活史を推定する方法である。

採集可能な量や処理できる数などを考慮して、以下のような方法で調査することにした。一辺が二五cmの四角いコドラート（方形枠）を設ける。深さは一〇cmまでとする。その日のうちにツルグレン装置にかけられる量は八～九個までだ。つまり、合計〇・五㎡を基準として調査してみることにした。途中からサイズを変更し、一〇cm×一〇cm×二〇cmの方形枠を二〇～二五個採取する方法に変えた。一個のサイズを小さくして数を増やした方が、誤差が少なくなるからである。各月をおよそ十日ごとに上旬・中旬・下旬に分け、たとえば今月の上旬にサンプリングしたら、来月も上旬に実施するようにした。休日の早朝に出かけて、夕方には帰宅してツルグレン装置にかける。近い場所は、土曜の午後に出かけて夜までには戻れる。足腰に自信があったとはいえ、雨後のサンプルは重くて背負って歩くのがつらかった。冬山などはアイゼンをつけて恐怖心と闘いながらの採集であった。しかし一方で、それぞれの調査地の四季折々に変化する美しい自然に感動する喜びもあった。

季節消長パターン

調査は低地から亜高山帯まで、標高差およそ五〇〇m間隔で行った。各標高で必ず数カ所の調査を行い、それらを比較しながら生活史を推定することとした。

次のグラフは代表的な五種について、個体数の季節変動を示したものである。複数年にわたって各地点二回または三回の調査を実施し、その平均で表してある。その中から、それぞれの種ごとに二つの標高における調査結果を示した。提示したグラフの標高が種ごとに異なっているのは、個体数の変動幅が最も安定していた箇所のデータを参照したからである。年間を通じて得られた全個体数を一〇〇として、各月ごとの個体数がその何パーセントにあたるか、で表現してある。

活動時期（出現時期）を推定しようとしたが、これがなかなか難しい。季節外れに一個体だけが採集されたりするからだ。もちろんそれらの結果も重要な意味を持つと思われるが、ここでは年間に得られた個体数のおよそ三％以上が得られた量を目安に、これより多ければ活動時期と判断することにした。グラフの実線は低い標高、破線は高い標高を示している。

まず、**図3－11**に実線で示した低い標高の出現パターンを見ていただきたい。グラフ①は、標高五〇〇m地点におけるカブトツチカニムシの一種の若虫と成虫を合計した全個体数の月ごとの結果である。グラフが示すように、夏季と冬季に増加する傾向が認められるものの、おおむね年間を通じて採集されることがわかった。このパターンを通年出現型と呼ぶことにした。

グラフ②は、ムネトゲツチカニムシの低地（標高三〇〜四〇m）における出現パターンである。本種は暖かい地方を中心に分布することがわかっている。その結果を見ると、五月から九月あたりを中心に増加し、秋から冬にかけては著しく減少していくことが判明した。このパターンを夏季出現型と呼ぶこ

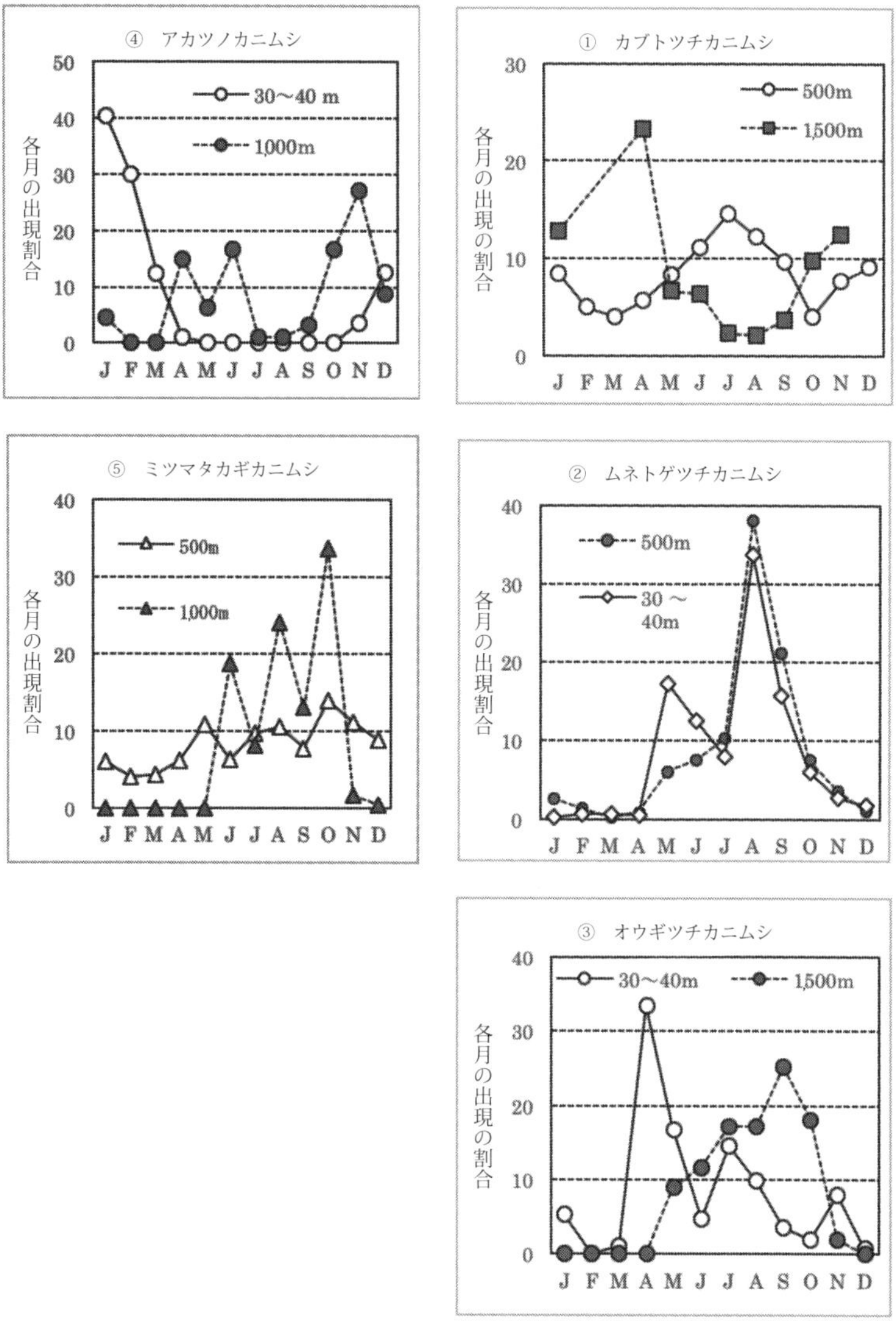

図3-11　土壌性カニムシ類の標高の違いと出現頻度の季節変動。グラフの下のアルファベットは各月を表す。

とにした。

グラフ③は低地におけるオウギツチカニムシの出現パターンである。四月に急増した後冬にかけて減少する春夏出現型のパターンを示した。

グラフ④はアカツノカニムシの低地における出現パターンである。先ほど述べたムネトゲツチカニムシやオウギツチカニムシと異なり、大部分の個体が十一月から三月までを中心に多数採集された。これを冬季出現型と呼ぶことにした。夏季にまったく採集されないという興味深い現象は、モリカワ（一九六二）や小針（一九八四）も確認している。

グラフ⑤はミツマタカギカニムシの標高五〇〇mにおける季節消長である。これを見ると多少の凹凸は見られるが、その増減傾向はカブトツチカニムシよりも緩やかで、通年出現型を示した。

次に、標高の高い地点における季節消長（点線）を見てみよう。カブトツチカニムシの標高一五〇〇mにおけるグラフを見ると、年間を通じて採集されたがとくに秋から冬を経て春まで多数出現する傾向を示した。つまり、冬季出現型に近いパターンであった。

グラフ②のムネトゲツチカニムシは、標高五〇〇mがまとまった個体数が採集できた最も高い標高であった。その出現パターンを見ると低地と同様に夏季出現型であった。低い標高と異なる点としては、標高五〇〇m地点では低地の結果で見られた五月の増加が確認できなかった。

グラフ③のオウギツチカニムシの標高一五〇〇m地点における消長を見ると、五月から十月までに集中して出現し、夏季出現型の傾向を強く示した。またムネトゲツチカニムシと同様に、低い標高で示した四月と七月の二つのピークは確認されなかった。

グラフ④のアカツノカニムシの標高一〇〇〇m地点における消長は厳冬期および夏季に減少する傾向

が見られ、他種には見られない春秋出現型と呼ぶべきパターンを示した。真夏と真冬には活動していないものと推測される。この標高における春と秋の気候が、低地での冬の気候と類似しているためかもしれない。

グラフ⑤のミツマタカギカニムシの標高一〇〇〇mにおける消長を見ると、六月から十月に集中的に多数個体が採集されて冬季には姿を消していることから、典型的な夏季出現型とみなされた。標高五〇〇m以下の通年出現型とは顕著な違いを示した。

以上のように、同じ土壌性カニムシでも種によって出現時期がまったく異なることが明らかになった。これに加えて、同じ種であっても標高の違いによって出現時期が大きく変化することが判明した。大雑把に以下の四タイプに整理することができた。

①通年出現型：季節を問わずほぼ一年を通じて出現する
②夏季出現型：夏を中心に春から秋にかけて出現する
③春秋出現型：春と秋を中心に出現し、夏と冬には減少する
④冬季出現型：秋から翌年の春にかけて冬を中心に出現する

もちろん、この四種の出現型の中間型あるいはどちらともつかないタイプも予想される。たとえば、低地では通年出現型であり高い標高では夏季出現型である場合、両者の中間の標高においては出現パターンもそれに沿った変化が起こるものと考えられる。

このような出現パターンの違いが生じる理由はいくつか考えられる。種ごとの成長速度、繁殖時期、脱皮時期、越冬や越夏の方法、などの要因が複雑に絡んで自由生活個体の出現パターンが決定されているに違いない。このことを考慮して生活史を考えていかなくてはならないことが見えてきた。

生活史を推測する

土壌性カニムシの生活史に初めて踏み込んだのはオーストリアのバイアー（一九五〇）である。彼は東部アルプス山脈の土壌中から採集されたコケカニムシの仲間三種の採集結果から簡単な生活史を推定した。その後、イギリスのガブット（一九七〇など）はツチカニムシ、コケカニムシ、ツノカニムシなどについてツルグレン装置を使った定量調査を基に生活史の分析を行い、併せて生活史解明の限界について論じている。

これに対して、日本では日本産カニムシの生活史について触れたものは、先に述べたようにモリカワ（一九六二）が愛媛県の山地で行ったのが唯一であった。生活史に関する研究はその後しばらく途絶えていたが、サトウ（一九八二、一九八四）、佐藤（一九八〇b、一九八五、一九八八など）およびコバリ（一九八三）、小針（一九八四）、坂寄（二〇〇一）、加藤・塘（二〇〇四）などによって研究が受け継がれた。

これらの成果および今回の調査結果を基に、関東地方で最も普通に見られる種の生活史について考察してみることにしよう。合計六種類の結果が得られたのだが、これらについてすべて述べていくと、長くなる。またその解釈が複雑になって混乱を招く可能性がある。そこで、ここではカブトツチカニムシを基に述べてみたい。

カブトツチカニムシの生活史

まず、関東地方などで最も密度が高くなる種類であり分布域も広いカブトツチカニムシの季節消長について考えてみよう。本種は体長一㎜程度の小型種である。凍てついた真冬の山岳地帯でも巣に閉じこもらない、という驚くべき習性を本種は持っている。岩石のように固く凍結した土壌をノコギリで切りだして、ツルグレン装置にかけたところ本種が多数採集された。消化管内部が空になって腹部が縮んでいることから、絶食状態にあるようだ。つまり、巣にはこもらず休止状態で凍てついた土の間に潜み、じっと春の訪れを待っているものと思われる。一緒にトビムシやササラダニなども採集されたことから、このような越冬をする土壌動物はけっこう多いのかもしれない。これらのことを考慮しながら佐藤（二〇〇三）を基に生活史を推定してみることにしよう。

標高五〇〇m

各齢の消長が比較的はっきりと読み取れる、標高五〇〇m地点におけるカブトツチカニムシの消長をグラフに示した。五つのグラフは上から順に雄・雌・第三若虫・第二若虫・第一若虫（以下同じ）である。

第一若虫を見ると六月に突然大量に出現する。その後徐々に減少して九月にはほとんどいなくなってしまう。ただ、まれに十一月あたりに採集されることもあるので、必ずこの通りになるとは断定できない。

第二若虫は七月から急に増加し、八月にピークを迎えた後、十月にかけて減少していった。第一若虫の減少に対応して第二若虫が増加しているように見受けられる。ところが、おもしろいことに十一月から一月ごろにも小さいピークのようなものが観察される。しかも少数ではあるが、第二若虫は年間を通じて採集されたのである。

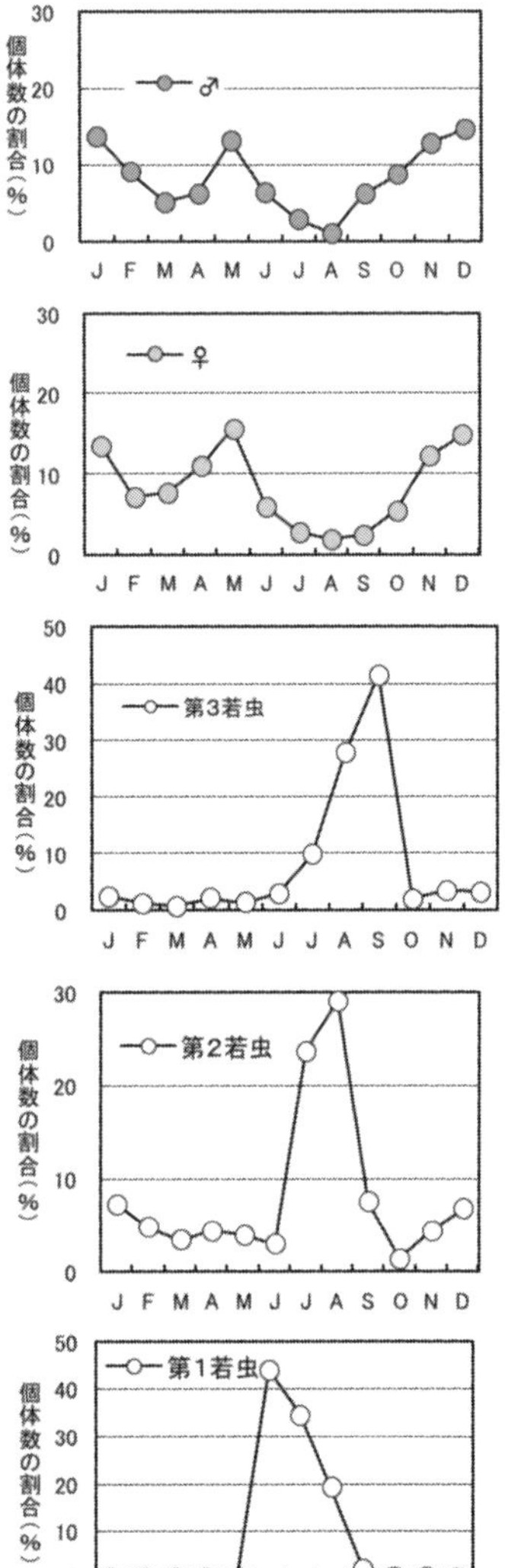

図3−12　標高500 m地点におけるカブトツチカニムシの仲間の季節消長

第三若虫は七月から少しずつ個体数が増え、九月にピークを迎えた。その後、個体数は減少するものの、第二若虫の場合と同様に年間を通じて出現した。おそらく、七月から八月の第三若虫の増加は、前年から残っていた第二若虫が脱皮するのではないかと推測される。八月から九月の大きなピークは、七、八月にピークを示した第二若虫の主体が脱皮したことを示すと考えられる。これらのことから第一若虫、第二若虫、第三若虫の主体は、六月ごろから九月にかけて順に脱皮するが、一部は脱皮時期がだらだらと遅れてしまう集団が存在するように見受けられる。

成虫は雄と雌が類似した出現パターンを示した。興味深いことに、五月を中心とした春のピークと十月から一月にかけて二回のピークが表れたことである。このパターンから考えて、おそらく秋から冬に成虫になる集団と、春に成虫になる集団とが存在するように見える。ただ両者の間に明瞭な区切りはなく、緩やかに成熟していくような印象を受ける。この消長からおそらく繁殖期も前年に成虫になった個体と越冬後に成虫になった個体とが重複していると解釈される。

このようなパターンを、年一化性と簡単に割り切ることは難しい。確かに成虫雌は夏に一度だけ抱卵すると考えられるが、その中に出現時期のずれた集団があると推測される。先に述べたように、第一若虫が誕生した年に成虫にまで達する集団と越年してから成虫になる集団とに分かれる可能性を示唆している。

しかもその境界はあいまいで「だらだら」と順に脱皮していくように見える。その年の気候の変動に任せて自在に変化するのかもしれない。生活史は一年である、と言い切りたい欲望にかられるが、見方によってはこのあいまいさこそがカニムシの生活史の特徴なのかもしれない。加藤・塘（二〇〇四）は自由生活個体の出現個体数とその時期の雌の卵巣の変化を調査し考察している。そこでは、おおむね一年で成虫に達するものと推定している。しかしながら一方で、やはり越年する若虫が存在する可能性にも触れており、詳細は今後の研究課題であると結んでいる。

以上のような標高五〇〇m地点におけるカブトツチカニムシの調査結果は、ガブット（一九七〇）が報告したツチカニムシの一種でも見られるあいまいな消長と共通している。生活史があいまいさを示すのは、土壌性カニムシ類に共通する傾向なのかもしれない。今回の調査結果から、およそ一年から一年半ほどで世代が入れ替わる、と推測するのが妥当であると思われる。

標高一五〇〇m

では、より標高の高い地点ではどのような消長を示すのであろうか。個体群密度の高かった標高一五〇〇mでの調査結果を**図3—13**に示した。ただし、この調査では二月と三月は積雪のため採集できなかったが、脱皮や抱卵などの活動、あるいは営巣による休眠状態にはなく、基本的には一月と類似していると考えられる。

第一若虫の出現時期を見ると、八月から徐々に個体数が増加し始め、年をまたいで翌年の四月にかけて高密度を維持していた。五月から七月にかけて、個体数が極端に減少することから、この時期に前年誕生した第一若虫が脱皮のために営巣すると推測される。どうやら誕生した第一若虫は翌年までそのまま越冬し、翌年の夏に第二若虫へと脱皮するらしい。

第二若虫の推移を見ると、五月から九月にはほとんど出現しなかったが十月以降に増加が見られ翌年の四月まで多数採集されている。このグラフの推移から、五月から九月に営巣して十月以降に第三若虫として出現するように見受けられる。第一若虫と同様、標高五〇〇mでは第一若虫のピークから第二若虫のピークに達するのにおよそ一カ月であるのに対して、一五〇〇mでは一年を要している可能性がグラフの形から読み取れる。

同様の傾向は、さらに第三若虫でも観察された。すなわち五月から九月にかけて個体数が少なく、十月から徐々に増加して翌年まで多数個体が採集できた。このことから第二若虫から第三若虫に達するまで、同様に一年を要するように見える。

成虫も基本的には八月を中心とした夏季に個体数が減少し、秋から翌春に増加していることがわかる。また雌は七月から九月に減少が見られることから、この時期に抱卵する可能性がある。一方、雄も夏に減少する傾向が示されたが、これは受精が終了して寿命を迎えたための減少と考えられる。

以上の結果から、標高一五〇〇m地点では各齢が次の齢に進むまでおよそ一年を要するのではないかと推定される。もしこの仮説が正しいとすると、成虫となって繁殖できる状態になるまでには、少なくとも四年を要すると推定される。成虫が誕生してすぐに繁殖時期を迎えるのかについては、よくわからない。

また、各齢のピークを示す個体数にも大きな差が認められた。すなわち、成虫のピークが一〇〇〇個体近くに達したのに対し、第一若虫のピークは二〇〇個体に満たなかった。成虫の個体数と第一若虫の個体数の比を考えると、成虫が複数世代共存している可能性もあり得るかもしれない。

このように考えていくと、標高一五〇〇mにおけるカブトツチカニムシの生活史は、少なくとも複数年にわたるらしいということである。また、誕生時期の異なる複数の世代が重複している可能性を示唆している。

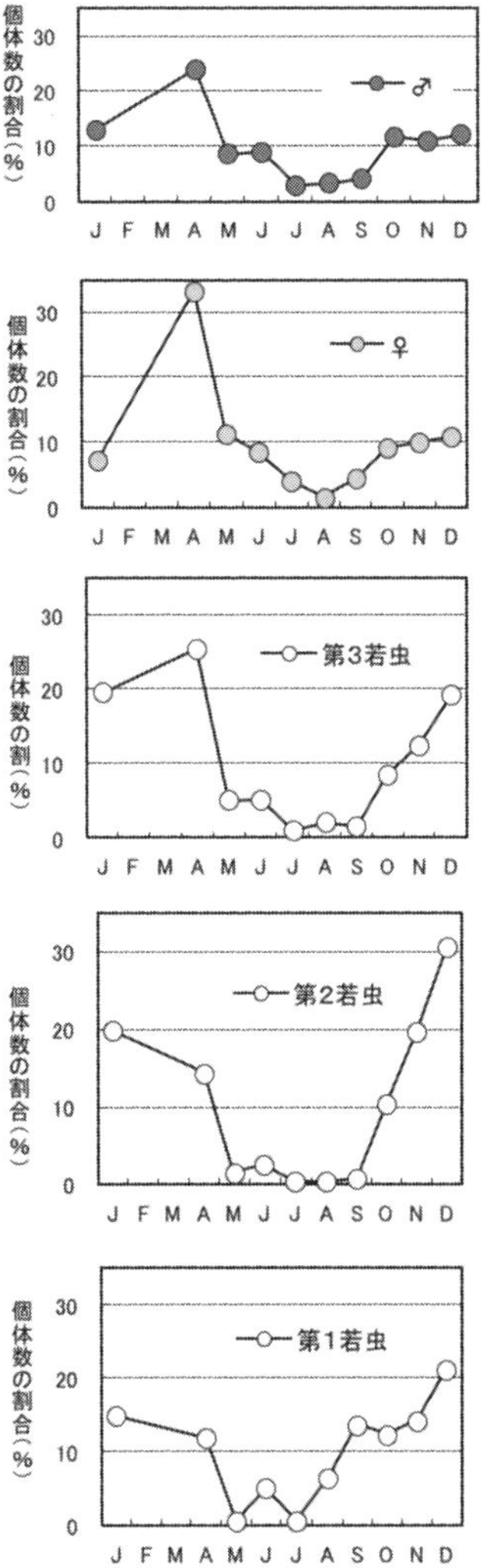

図3－13 標高1,500 m地点におけるカブトツチカニムシの仲間の季節消長

「あいまいさ」こそが最強の戦略だ

カブトツチカニムシと同様に、合計六種類の土壌性カニムシの季節消長を標高別に調査して、予測される生活史について推測してみた。紙面の関係上、分析したすべての種の標高別の生活史について述べることはできないが、大まかに以下のような特徴が明らかになった。

①土壌性カニムシはおおよそ一年で生活史を完結すると思われる例と、複数年を要する例が存在する。

②どの種も標高が高くなるにしたがって成虫までの成長期間が長くなる傾向にある。種によっては四年以上を要すると推測される。

③世代が交代するまでには、いずれの種においても足掛け二年以上を要する。つまり、春から夏にかけて第一若虫が誕生して繁殖できるのは、最短でも翌年の春以降であり、年に複数回の世代交代は起こらない。

④各齢の脱皮によって次の齢に至るまでに要する時間があいまいで長く、しかも一斉に脱皮することはない。準備ができた個体から順に脱皮し、その期間が長期にわたると推測される。

この結果は、カニムシの生活史が一筋縄では解明できない、ということを示している。たとえばカマキリのように、すべての個体が年内に生活史を終了させて卵塊で越冬する、というような生活環を持たないからだ。標高によって消長パターンがダイナミックに変化し、分析をより困難にしていると考えられる。

これに加えて、生活史解明を困難にしている大きな理由は、すでに触れたようにカニムシが脱皮・抱卵・越冬（越夏）、などの際に営巣（繭にこもる）することである。営巣中の個体は採集することも観察することも困難で、その個体数が把握できない。また、繁殖時期が集中的でなく緩やかで長期間にわたることも分析の難しさとして挙げられる。

しかし見方を変えれば、このあいまい模糊とした生活史こそが、カニムシの分布域を広くするためのすばらしい戦略なのではないか。つまり、季節変化にきっちりと対応する生活史のパターンは、それ以外の気候帯には適応できないだろう。これに対してあいまいで緩やかな生活史パターンは、多様な気候帯に融通無碍な適応が可能である。温暖な気候のもとでは一年以内に成体になる。寒冷な気候帯では数年かけてゆっくりと成体になる。これこそが、幅広い分布域を獲得する巧妙な戦略ではないだろうか。寒いときはじっと活動せず、暖かいときだけ活発に活動する。この特徴は、必ずしも土壌性カニムシだけでなく、多くのカニムシ類に共通する戦略かもしれない、と私は推測している。

一つの試み

カニムシの生活史は、標高差によって柔軟に変化するらしいことは先に述べた。変化を左右するおもな要因は温度である、と私は推測している。では本当に温度変化に対応して土壌性カニムシは生活史を変化させるのだろうか。残念ながら、この問題はまだ誰も解決していない。さまざまな条件下での広範囲な実験を行う必要があるからである。

そんな中で、ちょっとしたアイディアが浮かんできた。それは、我が家の縁の下の温度変化が、低地の森林の地温変動と類似しているらしいことに気がついたことがきっかけであった。近所の林で地表面の温度を測定したところ、冬は二〜三℃まで低下し、夏は二五℃程度まで上昇する。同様に、我が家の縁の下の温度を測定してみたところ、近所の林内とほとんど変わらないことがわかった。

もう一つ、土壌性カニムシを長期間飼育するのは大変である。ところが、たまたま採集してきたサンプルを縁の下に放置しておいたのがあった。一年ほど後に気づいて、ツルグレン装置にかけてみたところなんと一つの袋から数十個体のカニムシが採集できたのだ。ならば、これを活かせないだろうか。カニムシの温度に対する可塑性があるならば、温暖な環境への移動によって生活史が変化するかもしれない。定期調査によって、標高一五〇〇mのカブトツチカニムシは、およそ三年から四年の生活史を持つと推定できた。

そこで、標高一五〇〇m地点の寒冷な気候帯に生息するカニムシを自宅に持ち帰って縁の下に置いてみることにした。五月初旬、カニムシの活動が始まる前をねらってサンプリングを行った。四ℓのポリ袋一〇〇個を採集して持ち帰った。乾燥を防ぐため袋を二重にして縁の下に並べた。これを順に取り出してツルグレン装置にかけてみたのである。これなら飼育の手間も省ける。およそ二年にわたって、春から秋は毎月四個ずつ、冬は一カ月おきに調べた。幸いカブトツチカニムシはずっと袋の中で生き続けてくれた。

図3－14に示したグラフの推移を見ると、六月の時点ですでに大量の第一若虫が誕生し七月にピークを示した。これらの大部分は、第一若虫が新たに誕生したものと考えられる。八月から九月にかけて第一若虫はほとんど姿を消した。二年目に入ると、六月に突然ピークを示し七月には著しく減少した。

第二若虫の推移を見ると、一年目に第一若虫の減少に呼応するように八月にピークを示した。六月にもかなりの数が出現しているが、これは越冬した第一若虫が脱皮したものと推測される。二年目に入ると、四月に最初のピークを示し夏にかけて緩やかに減少している。これは、第一若虫が八月に脱皮した集団と四月に脱皮した集団に分かれていることを示唆している。さらに、グラフは緩やかに減少を続け、九月に再び増加を示した。

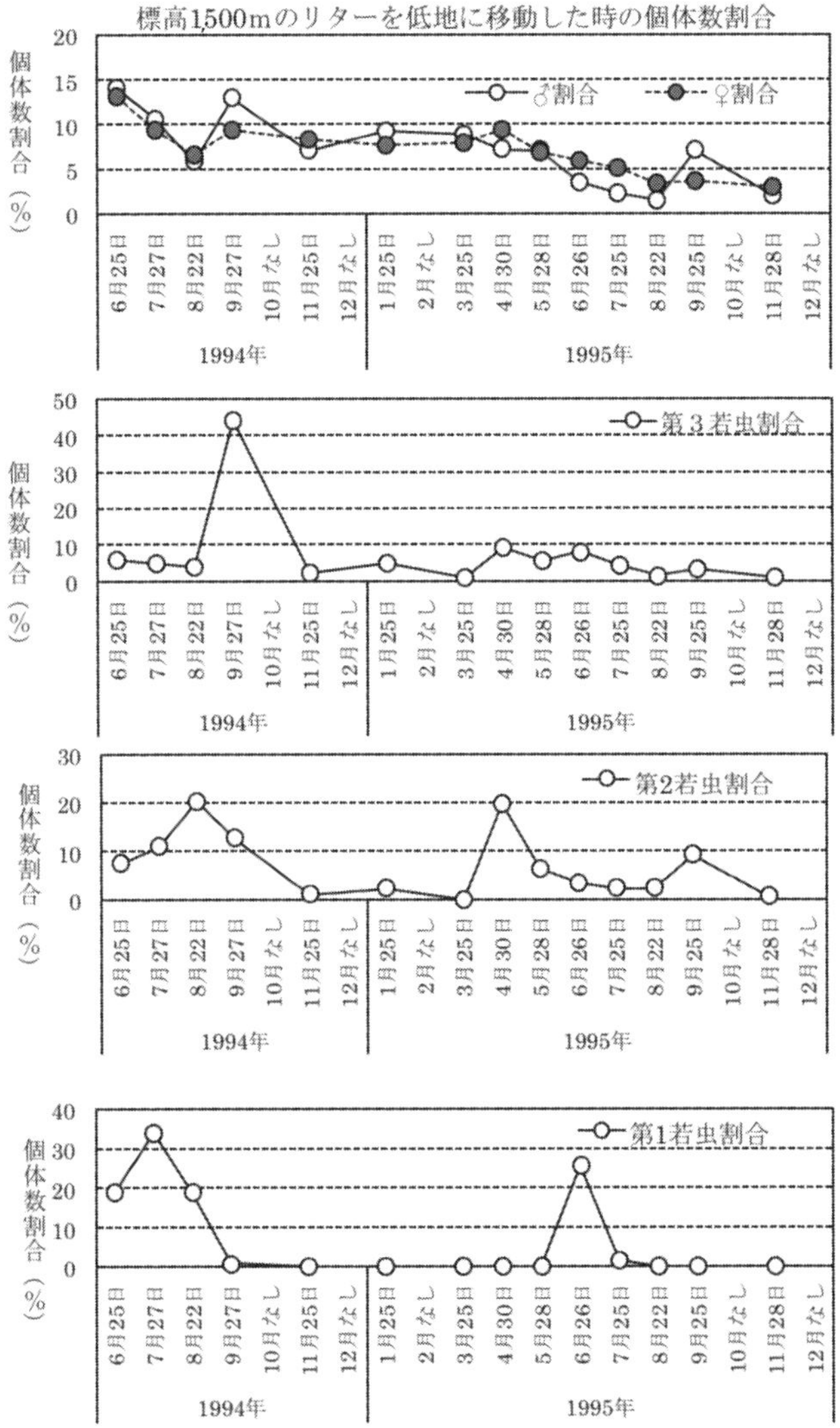

図3-14　標高1,500 mの土壌を低い標高に移動した後のカブトツチカニムシの一種の季節消長。5月に移動したため、1年目は第1若虫が6月から7月に多数出現している。ところが2年目には6月にピークを示している。低地では通常は6月にピークを示す第2、第3若虫のピークは緩やかになってくる。

第三若虫の推移を見ると、九月に明瞭なピークを示した後減少し、二年目の春から夏にかけては、わずかな増加を示しただけであった。これは、第二若虫から第三若虫に脱皮する時期がさらにあいまいになっていくためと推測される。

成虫では、一年目も二年目も九月に小さなピークを示した以外は、年間を通じて比較的一定の個体数が得られた。調査期間を通じて緩やかな減少傾向を示した。

この結果から、高い標高から低地に移動した結果、季節消長が大きく変化した。とくに、標高五〇〇m以下の変動とほぼ一致した点が注目される。どうやら、土壌性カニムシの生活史のパターンは固定されているものではない。生息場所の温度変化に柔軟に対応できる、ある種の可塑性を持っているといえよう。

ここに述べたことは、グラフから解釈した一つの仮説に過ぎない。実際にはさらに詳細な実験や観察が必要と思われる。小さな試みではあったが、今後の研究に一つの可能性を示してくれた。

コラム5　カニムシを側面から見たら

カニムシが孔隙に生息することはさまざまな本に書いてある。その空間の広さを考えると、縦（長さ）・横（幅）・高さに分けられるだろう。もちろんその形状は不規則であるから、たとえば落ち葉の間などはさまざまな形状の空間が広がっている。自分の体に合う空間を探して落ち着き、餌をじっと待ち受けたり、敵が来たら逃げ出したりするのだろう。

これを強引に分類すると、多面体か（球形）平べったいか、のどちらかである。落ち葉や小石や砂粒などが積み重なった森林土壌中は丸に近い（完全な球という意味ではないが）形状が多いように思われる。また、土の中はさまざまな動物が掘った穴なども多いからカニムシが潜む空間も豊かである。それがたくさんの個体が生息できる理由の一つであろう。観察してみると、土の粒が小さい畑などではカニムシは潜り込む余地はほとんどない。

一方、樹皮下や岩の隙間に生息するカニムシは体が扁平なものが多い。中には驚くほど狭い隙間に潜むものも見受けられる。たとえばイエカニムシなどは英語で本のサソリという表現をするくらいだから、紙の間に潜むほど薄っぺらだ。

カニムシの体つきと孔隙とはどのような関係にあるだろうか。そこで、体つきの面からさぐってみよう。体を背面から見ると、頭胸甲は縦長の長方形か先端が細くなって後が広くなる三角形が多い。腹部は細長いか下膨れのように後部が広くなるか、どちらかであり関節数も一一節がほとんどだ。つまり、一定の面積を占める点ではそれほど大きな差は認められない。

では、体つきを側面（つまり厚さ）から見たらどうだろうか。記載文などの測定値を見ると、長さと幅だけが記されていて、高さ（厚さ）の測定値を示すことは残念ながらほとんど見当たらない。そこで、カニムシの標本を横にして観察してみた。観察当初はカニムシを横に寝かせることが難しく、なかなかうまくいかなかった。歩脚や触肢が邪魔をして真横を向いてくれないのだ。ところが、写真を写すときに使用している粉末のシリカゲルに体の半分を埋め込んだところ、簡単に横向きになり観察が容易になった。

カニムシの腹部の高さ（厚さ）そのものは、種によって大きく異なる。そこで、以下のような方法で比較しやすいようにしてみた。まず、体長と腹部の厚さをそれぞれ測定する。次に厚さを体長で除して扁平率を求めて比較してみた。体長に対して厚さの値が大きければ、より立体的な孔隙が必要だ。これに対して値が小さければ、より薄っぺらな孔隙に潜むことができるというわけである。

図は上からミツマタカギカニムシ、トゲヤドリカニムシ、オオウデカニムシの頭胸部と腹部について並べてみたものである。Aのミツマタカギカニムシ（体長約三㎜）は典型的な土壌性の種だ。Bのトゲヤドリカニムシ（体長約四㎜）は樹皮の下に生息する。そしてCのオオウデカニムシ（体長一・二㎜）は非常に狭い樹皮の隙間に生息している。測定結果は以下の通りであった。

	体長／厚さ（扁平率）	腹部の実際の厚さ
ミツマタカギカニムシ	〇・三三	一・三一㎜
トゲヤドリカニムシ	〇・二八	〇・八三㎜
オオウデカニムシ	〇・〇八	〇・一〇㎜

実際には歩脚の高さなども考慮に入れなくてはいけないからもう少し高さ（厚さ）が必要である。腹部の厚

さの二倍だと仮定すると、ミツマタカギカニムシはおよそ二〜三㎜以上の高さが必要であろう。これに対してトゲヤドリカニムシは一・五㎜ほどで済むと考えられる。最も薄っぺらな種であるオオウデカニムシでは〇・二㎜ほどあれば潜り込むことができると推定される。びっくりするような狭さである。

一般的にはアトビサリが速いツチカニムシやコケカニムシでは歩脚を立てているのに対して、オオウデカニムシでは歩脚がほぼ真横を向く。これらの事実から、カニムシの体形はその生息する孔隙の性質に大きく依存していることが理解できる。今後、より多くの種について比較してみたい。

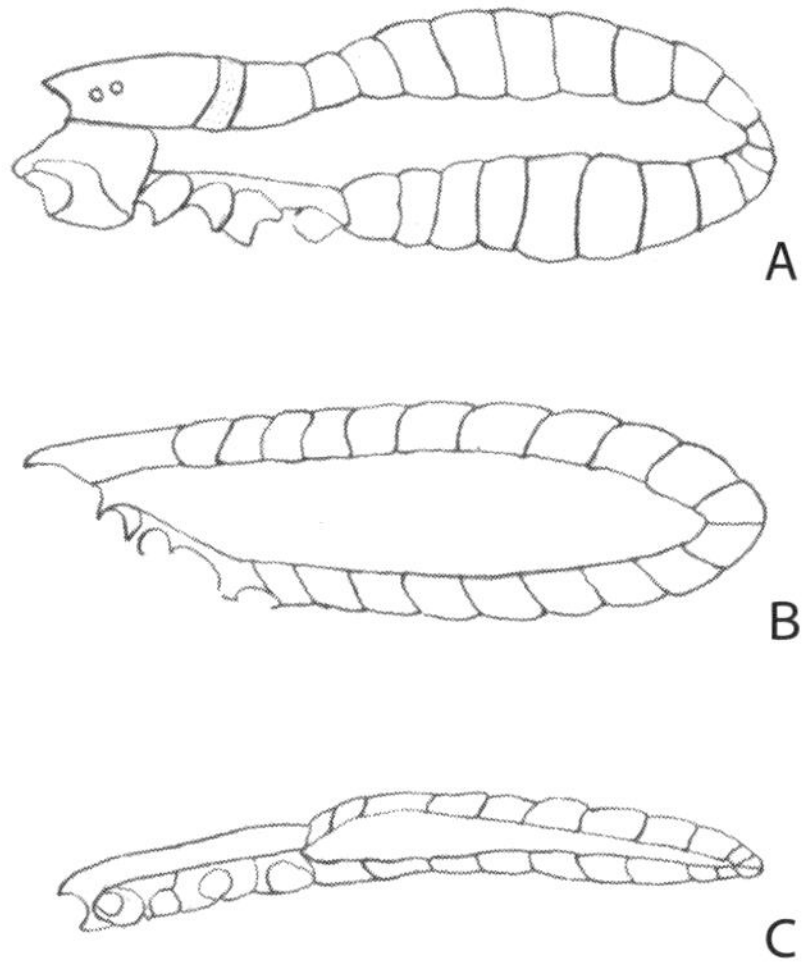

カニムシ3種の側面図。A：ミツマタカギカニムシ、B：トゲヤドリカニムシ、C：オオウデカニムシ

コラム6　凍結土壌からカニムシが

　標高の高い山地では、冬になると厚い雪に覆われたり、地面が硬く凍結してしまう。そのような環境にあってはカニムシも活動することができない。越冬手段の一つとして、土壌性カニムシの一部の種は、寒さが厳しくなると繭（巣）を作ってその中に閉じこもる。そのため、冬季になるとツルグレン装置では採集できなくなってしまう。ムネトゲツチカニムシ、オウギツチカニムシ、ミツマタカギカニムシなどがその典型であろう。

　東北地方の豪雪地帯で一月に調査してみたときのこと。標高二〇〇m付近のブナ林の気温は氷点下五℃を示していた。十一月に来たときにあらかじめ落葉層が豊かな場所のブナに印をつけておいた。その下を一m半ほど掘り進むと、ようやく地表面が見えてきた。雪を丁寧に除けてみると、なんと落葉は凍っていなかったのである。地温を測定するために温度計を挿し込むと、凍結していないときと同様スムーズに入る。落ち葉を採取して家に持ち帰り、篩ってみるとカブトツチカニムシ、オウギツチカニムシ、アカツノカニムシ、ミツマタカギカニムシ、などを採集することができた。個体数が比較的少ないことから推測して、一部の個体は越冬用の巣に閉じこもることがないようなのである。確かに分厚い雪の下は凍結するほど地温は下がらず安定している。

　一方、関東地方の標高二〇〇〇mあたりはコメツガなどの常緑針葉樹林帯である。一月にアイゼンをつけて登ってみた。すると降雪量はわずか数センチで、場所によってはコケなどが凍ったまま顔をのぞかせている。気温は氷点下一〇℃、地温も同じであった。通常の根掘りではとても歯が立たない。あらかじめ用意したノコギリで土壌をブロック状に切り取ってビニール袋に入れた。これを自宅に持ち帰り、一晩放置して氷を溶かした。

ビニール袋の底には、小さな穴をあけておいて氷が溶けて水浸しにならないように配慮した。その後ツルグレン装置にかけてみて驚いた。なんとカブトツチカニムシが採集できたのである。しかも、成虫だけではなく若虫も出てきた。顕微鏡下で観察すると、腹部はやや縮んでいる。どうやら餌をとらずにじっと寒さに耐えているようであった。

カニムシだけではない、このときはササラダニやトビムシの仲間も交じっていた。これらのことから、土壌動物の中にはそのままの状態で冬を越すものがあることを知った。おそらくカニムシは体の中を不凍状態にして冬を越すすべを持っているに違いない。これらの詳細な仕組みを調べれば、その生態的特徴の一つが解明できるかもしれない。

第四章　カニムシの採集と飼育

何かを集める、というのはどうしてこんなに楽しいのだろう。ふと自分の過去を振り返ると、小学生時代の切手や牛乳瓶の蓋集めを思い出す。中学生になるとチョウの採集や石器集め、そして鳥の羽根拾いなどに熱中した。大人になった今でも、ドングリが落ちているとつい拾い集めたくなるし、美しい葉っぱを見つけてはノートに挟む。いろいろな草笛をかたっぱしから作って鳴らす。収集癖は、どうやら死ぬまで続きそうだ。

日本人は米国人が米国の動物や植物を知っているよりも遥かに多く、日本の動植物に馴染を持っているので、事実田舎の子供が花、きのこ、昆虫その他類似の物をよく知っている程度は、米国でこれ等を蒐集し、研究する人のそれと同じなのである。

（モース『日本その日その日』より）

日本では、昆虫は「捕る対象」であり、「見る対象」でもあるといえるでしょう。ところが英単語のinsectには、「虫を捕る」という意味も、「虫を見る」という意味もありません。日本人ほどには深く昆虫とは関わらないということが推測できます。（中略）欧米には日本のような〝昆虫文化〟は存在しないようです。

（澤井康佑『英文法再入門』より）

私を含む多くの自然愛好家の背景には、日本人独特のアニミズムを背景とした好奇心と生き物を愛する心が潜んでいるに違いない。

①発見の楽しみ

ムシを採ったり飼ったりする、という活動は伝統文化として幼少期から育まれた好奇心の発露の一つなのだろう。新種発見の話に入る前に、採集の楽しさとその意味について考えてみたい。私は昆虫に対する楽しみ方には三つの段階があると思っている。

第一段階は幼少期に見られる自然現象に対する純粋な好奇心である。ただただおもしろい、ということがその背景にはあるのだろう。保育科の女子学生を対象に調査してみたところ、その八〇％が幼少時にアリを殺した体験を持っていた（佐藤二〇一四）。そのおもな理由の一つが「おもしろかったから」なのである。また驚いたことに、四〇％がナメクジを殺した体験を持っていた。そのおもな理由は「実験してみたかった」であった。つまり、塩をかけたら本当に消えてしまうのか、という古来の迷信に対する疑問を解明したかったようだ。惜しいことに、私が行った研究には男子学生が含まれていない。それはともかくとして、幼児の持つこの素晴らしい好奇心は、ほとんどの場合この段階で終了してしまうのかもしれない。

小学生になると、ムシは苦手なものの中心の一つになってしまうようだ（布村ら二〇〇九）。しかし一部の人たちは、これが高じて第二段階である収集家への道をたどる。第三者から見たら無意味としか思えないものを、すべて集めてみたくなる。もちろん写真などを写すのも、その表現の一つと考えてよいだろう。お互いに競い合い自慢し合う楽しさは、また格別だ。第二段階の心の動きは、ヘッセの『少年の日の思い出』という短編を思い起こさせてくれる。インスタグラムなどの流行もこの好奇心の変形ではないかと、私は勝手に推測している。

そして第三段階は、趣味からさらに深まって研究活動へと進む道である。マニアックな収集の世界から脱して、生き物の持つ学問的価値を追求する段階だ。きちんと標本にして保存し、データを詳細に記録する。実験を行ったり、本格的な生態写真を写したり、図を描いたりして、自分ならではの資料集を作る。たとえば手塚治虫著『昆虫つれづれ草』を開くと、自身で描いたほれぼれするような昆虫たちの図が並んでいる。最終的には、同好会誌や学会誌などに論文や報告の形で発表して、学問の発展に寄与することに生きがいを見出すようになる。

そのような楽しみ方の一つとして、新種を発見して記載するという行為がある。珍品集めの学問化といえるのかもしれない。それを実現するためには、収集家としての能力だけでは足りないから、分類学の基礎を身につける必要がある。

分類学は古くない

DNA解析などが盛んになって、残念ながら分類学は古典的で古臭い学問だと思われているような気がする。博物館のカビ臭くて薄暗い部屋で、黙々と標本観察を続ける怪しげな姿を思い浮かべる人もいるかもしれない。しかし、現実は違う。たとえば一本の棘の有無をめぐって頭の中はめまぐるしく活動していることだろう。私自身も分類に手を染めてみてその実態がよくわかる。

分類学者自体が絶滅危惧種と揶揄される昨今だが、最先端の生物学が脚光を浴びる中で、実は記載分類というのは地味な割には非常に重要で新鮮な学問だと私は考えている。自然観察による発見の喜びを端的に教えてくれるのが、分類学ではないだろうか。

中には、新種記載は単なる職人的技術であって学問ではない、などと批判する人もいる。毛が一本多いから新種だとか、形が丸いから別種だとか、今までの種との違いを見つけて示すだけでオリジナリティーなどない、という批判を実際に聞いたことがある。仮説を立てて実験し新しい理論を立てることこそが科学である、というわけだ。

しかしそれは、仮説や実験や理論をどう捉えるか、によると思う。仮説も実験も結局は観察という言葉に収斂《しゅうれん》され、その判断は人間が行う。実験という人為的な手法を使うか否かの違いはあっても、その基本は観察だと私は思う。分類学者は、一本の毛の違いの奥に潜む不思議の世界を常に探求しているのだ。また、分類学なくして生物学自体の進歩もあり得ない。ダーウィンの進化論も、動物間の類似と違いに対する気づきが基本だった。メンデルの遺伝の法則だって、エンドウ豆の形質の違いに注目してこそ生まれた。ある意味で、これらは分類学から生まれた、といってもよいと思う。残念だが、ここではその件にあまり深入りせず採集の意味に話を戻す。私の経験を交えながら、採集から記載に至る楽しさを伝えられれば、と思う。

採集者の貴重なデータ

採集や自然観察には、いつも新しい発見の喜びがある。世界中には多くのムシ愛好家がいて、それぞれの国や地域でじっくりと採集や観察を楽しんでいる人たちも多い。観察記録を同好会誌などに発表すれば、その地方の貴重なデータとして役立てられる。後に誰かがそれを活用して、新しい研究の貴重な資料になる可能性だってあるのだ。出発点は、ただ採ったり集めたりすることがおもしろいだけ、かもしれない。しかし、そこに正確で的確なデータを添えれば、資料として大きな意味を持つようになる。そこが、単なるマニアックな珍品集めとの大きな違いであろう。

とくに愛好者が少ない分野ほど、小さなデータが大きな価値を持つ。私が所属しているクモの同好会誌を見ると、それぞれの地域で丁寧な採集観察記録が数多く報告されている。それらが蓄積されて、全国の分布や生態的特徴などが浮き彫りになっていくわけだ。残念ながらカニムシのような分野は採集する人すらほとんどいないので、なかなか分布範囲などの全体像が見えてこない。現段階では、自分が採集して観察した場所や知見がことごとく新記録という状況なのだ。しかし、だからこそ採集に出かけるたびに新発見の予感がして気持ちが昂る。そこで得られたさまざまな小さな情報は、地味ではあるが学会などで報告するように心がけるとよいだろう。最近はネットなどに載せる方がけっこうおられるが、できれば客観的な評価が得られる団体で発表することをお勧めする。

新種発見の喜び

さて採集の中でも、新種発見は独特の喜びと興奮を伴う。その楽しさは富こそもたらさないが、宝探しに似ているかもしれない。新種を発見できるかどうかは、そのときの運と情熱にかかっている。もちろん、たいていは空振りである。それでも可能性を信じて地味に歩き回っていると、幸運は突然やってくるのだ。その偶然の出会いがもたらす高揚感が、新種発見の醍醐味といえるだろう。

私がカニムシの採集を志した当初は、まずはできるだけ多くの種を集めることが目標であった。昆虫採集に夢中になったときのように、できれば全種のコレクションを作ることが夢であった。もちろんこれはあまり現実的ではないが、普通種ならばある程度の努力で達成できる。この基礎課程を過ぎると、形態や生態の違いに気がつく時期が来る。私も身近な種がそろうにつれて、いつしか新種という文字が脳裏に浮かんでくるようになった。

振り返れば、新種発見という言葉は高校生のころから私のあこがれだったような気がする。所属していた生物部の顧問はモンパ先生というあだ名で人気があった。モンパ菌という桑の病原菌を発見したという話がその由来のようだ。生き物が大好きな私は、先生の持つ博物学に対する情熱と好奇心に強く魅了された。毎日のように野山を歩き、おもしろそうな生き物を見つけては学校へ持参する。すると、先生はそれをきっととほめてくれ、授業で披露してくださるのだ。時には、珍しいからプラス一点、などといって成績に加算してくださる。タヌキモ、オニノヤガラ、モウセンゴケなどを見つけ出しては先生のところに持っていったものだ。それでも成績は振るわなかったけれど。

そんな背景があったからだろう。カニムシに未知種が存在するらしい、と論文で知ったときは大いに触発された。モリカワ（一九六〇）によれば、日本のカニムシ分類の八〇%は終了したと書いてあった。ということは、まだ二〇%は残っているかもしれない。日本中をくまなく探せば、いつの日か新種が見つかり自分で記載できるかもしれない。

そうはいうものの、当時の私にとって新種というものはエライ先生が前人未到の地で発見するものだと勝手に推測していた。新種という言葉は魅力的だったけれども、はるか雲のかなたの存在であった。しかし、関連の学会に入って多くの研究者と接するうちに、自分にもチャンスがあるのではないかと少しずつ現実味を帯びるようになってきた。

言うまでもなく、新種というのは新しい種類が生まれたというわけではない。どこかにひっそりと生活していたが誰にも記載されたことがなかった種（未記載種）、という意味である。形態を詳細に調べ文献と比較して未記載種であることを確認し、論文として学会誌などに投稿し、掲載されてはじめて新種として認められる。その考え方や実際の作業に関しては、ジュディス・E・ウィンストン（一九九九、馬渡・柁原訳 二〇〇八）、キャロル・キサク・ヨーン（二〇〇九、三中・野中訳 二〇一三）、岡西（二〇二〇）その他を参照していただきたい。

当然のことながら、記載するにはまず新種と思しきカニムシを採集しなくてはならない。しかし、これまで誰も発見したことがない種、というのはそうたやすく見つかるものでもない。もちろん、ひょいと捕まえたらそれが新種だったという幸運な例もまれにはある。ただその場合、見つけた採集物が新種であることを識別できなくてはならない。そこへ至るまでには相応の訓練が必要になる。

新種発見といえば、過去の私のように秘境探検でもしないと不可能と思われる方も多いかもしれない。図鑑などが充実している昨今、庭先や公園などに新種がいるはずはないと考えるのも当然だろう。しかし新種は意外に身近なところにも生息している。前人未到の土地はもちろんだが「前人未調査」の場所こそが研究するに値する秘境なのだ。目立たない生物の分野ではとくに、街の真ん中で新種が見つかることもまれではない。カニムシのように研究者が少ない分野ではなおさらである。

つまり、滅多なことでは新種が見つからないというのは、実は分野にもよるのだ。大型のものや美しいもの、農業や牧畜などに関係するもの、といった注目度が高い生き物はたいてい既知種であることが多い。ところが、誰も研究者がいない地味で目立たないもの、小さいもの、人の役に立たないと思われているもの、こういった生物群はまだまだ研究途上であり、ある意味で博物学全盛の探検時代を彷彿とさせてくれる。

採集技術を身につけよう

といっても、まずはカニムシが採集できなければ話にならない。それには、誰かよく知っている人から採集技術を教わるのが手っ取り早い。また、ネットなどで検索して場所の情報を事前に得た方が簡単に採集できる。

しかし私は、あまりそのような手軽な方法には賛成しない。じっくりと時間をかけて自分の足で探しながら採集技術を身につける古典的方法をお勧めする。なぜなら、発見の喜びは自分で悪戦苦闘してこそ価値あるものとなるからである。そして、探す中にこそ研究のヒントが隠れているからである。その例として、私は研究開始当初、カニムシがいるはずもない林をずいぶん探して歩いた。そのおかげで環境とカニムシに関するテーマが見えてきた。最初から誰かに教えられていたら、おそらくこの発想は浮かばなかったに違いない。

もちろん、人それぞれに研究の目的が異なるから、すでに研究目標を持っていて早く資料を得たい人は手っ取り早い方法をとればいいだろう。そこは目的によって違ってよい。ゼロから研究を志すならば、私はあくまで古典的博物学の手法こそが採集の王道だと思っている。一つ一つ自分で発見してそれを蓄積していく中にこそ、生きがいが生まれるのだと信じている。だから皆さんには、とにかくあちこちに採集に行ってみてください、と言いたい。

探すときの注意点

では、どうやって探すか。カニムシは極地以外のどこにでも生息する可能性がある。だから単純なことだが、どこでもよいから手あたり次第に探してみることだ。口で言うのは簡単だが、手がかりを発見することがなかなか難しい。探したけれども見つからないので諦めてしまった、という話も時々耳にする。

ところで、博物学を実践している方にとっては当たり前のことだが、採集できたときはもちろんのこと、できなかった場合の記録をしっかりとっておくことが重要である。どうしても、採集できたときの結果だけを野帳に書いてしまう。今日は採集に出たが成果なし、などと現場の情報が完全に欠けてしまったりする。いつ・どこで・どんな場所を・どのような方法で探したかを可能な限り記録しておくことが大切だ。採集できなかった理由などについても、現場で考察して記録することが望ましい。この作業がやさしいようで難しいのだ。私もずいぶんこれで失敗した、というか後で思い出せなくて残念に思うことがしばしばであった。研究テーマのヒントはいつ生まれるかわからない。若いときはとくに、採集に行ったことをよく記憶しているので、ついこの過ちに陥ってしまう。だが、長く研究生活を続けるためには絶対に記録を忘れないことである。

訓練を積んで生息環境が見えてくると、新種が見つかりそうな雰囲気が感じられるようになる。ただし、ここでも注意がある。一つの方法を知ると、他の可能性に視線が向かなくなってしまう危険性だ。常に多様な場所に挑戦し続ける意識を持とう。時々発想の転換をして、「まさか」と思うような場所を探してみる柔軟さが必要である。実際に、通い慣れた場所で少し視点を変えたら、思いがけず新種や希少種が発見できたことも私は体験している。

とはいうものの、研究者が極端に少ないということは、当然のことながら情報が少ないということでもある。特に独学の場合は、習熟するまである程度の時間を要することを覚悟した方がいい。というか、発見の喜びに至るまでの過程を楽しんでほしい。

カニムシ研究を始めてから、これは新種ではないかと判断できるようになるのに私の場合は数年かかった。カニムシに至る道で示したように、まず分類群ごとの特徴を知るのに相当の時間が必要だったからだ。そして、それらの種がどんな場所に隠れているのか、がわかるようになるまで訓練しなくてはならない。加えて、分類体系や日本とその周辺の記録、などが頭の中に刻み込まれてきて、ようやく識別できるようになる。実際にやってみるとわかるのだが、図鑑などに示された検索表が自分の中で整理されてはじめて、ある程度の基準に達したといってもよいだろう。一つ一つ検索表で確かめているうちは、なかなか判断が難しい。

カニムシ採集に用いる道具

採集を開始するにあたって、事前に準備しておくと便利な用具を簡単に説明しておこう（**図4－1**）。まずガラス瓶やプラスチック容器などの類い。これらは、採集物を標本として保存するためのアルコールを入れておく。また、採集したカニムシを湿った落葉などと一緒に容器に入れておけば、生きたまま持ち帰ることができる。細長い管がついたものは吸虫管と呼ばれ、逃げ足の速いものや手で捕えにくい個体を採集するのに便利である。ただし、吸虫管に長く入れておくと共食いが起こったり、ガラス管と

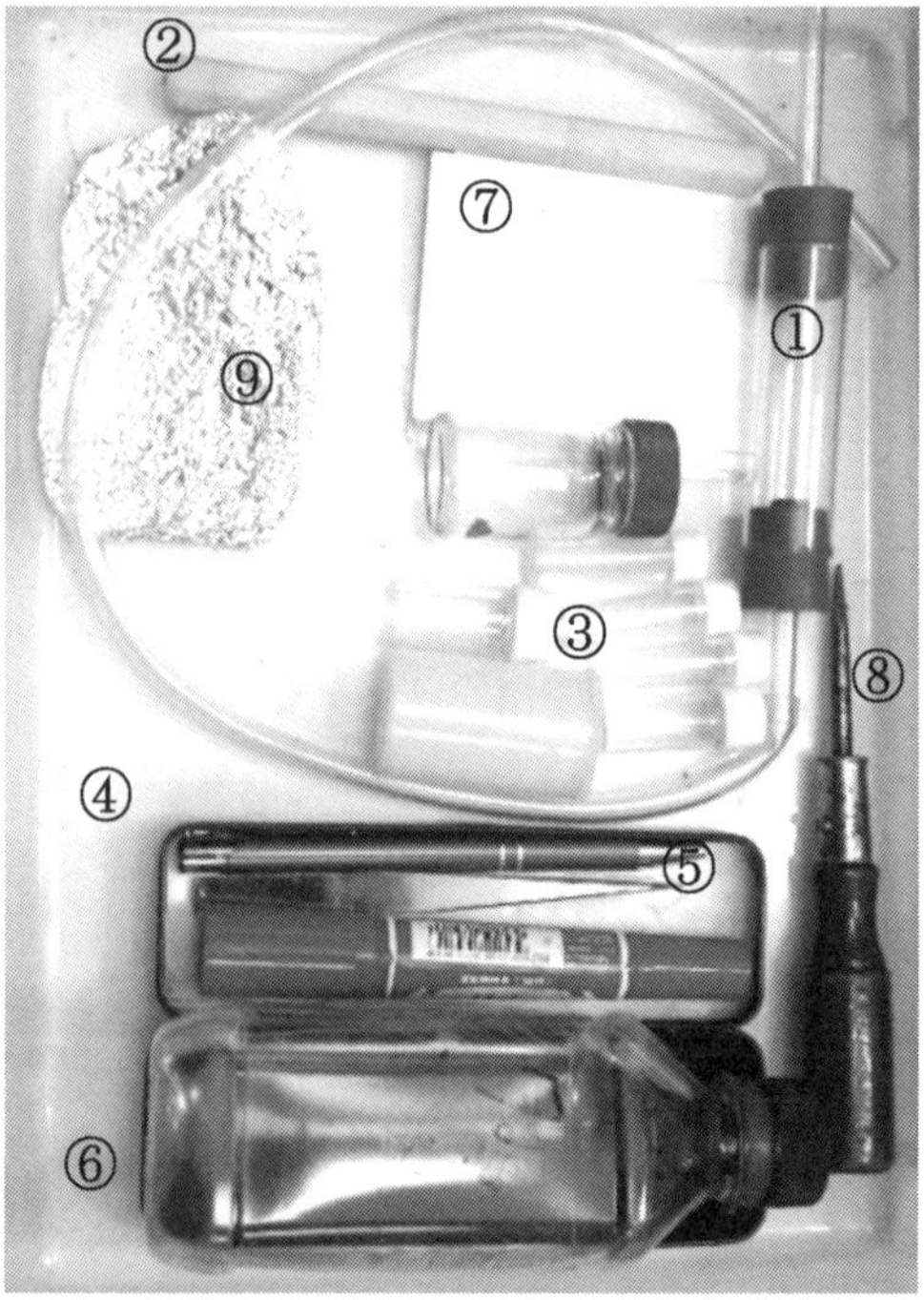

図4－1　採集小道具。①吸虫管、②温度計、③採集瓶、④筆記用具、⑤ピンセット、⑥70％エタノール、⑦記録用紙、⑧ドライバー（ナイフなど）、⑨写真の反射板用アルミ箔

ゴム栓の間に潜り込んだりするので注意が必要だ。その他に、樹皮や岩を剥いだりするときに使う丈夫なマイナスのドライバー、樹皮を薄く剝いだりするカッターナイフ、小さなものを採取するピンセット、写真を写すときの反射板のかわりとなるアルミ箔、データを記入したり印をつけるための筆記用具、採集したカニムシを保存するための七〇％のエタノール、地温や気温を測定する温度計など、採集場所の高さや面積を測定するためのメジャー、データを書きいれる記録用紙など、必要に応じて用意する。写真に示さなかったものとして、方位や角度がわかるクリノメーター、柄付き針、薄暗い中で使うライト、土壌サンプルを採取するためのポリ袋、野帳、地図、国立公園内や特別保護区などでは採集許可証や誤解を防ぐための腕章なども必要である。現地で写真を写すときはシャーレなどを用意するとよい。研究目的によってはｐＨメーターなども用意する。最近ではＧＰＳ装置を使って採集位置を記録する方法もある。

採集に出かけよう

私の場合、みつけどり法、シフティング法、ツルグレン装置法を組み合わせて採集している（**図4−2**）。みつけどり法（ハンドソーティング）というのは文字通り直接採集する方法で、樹皮下や石の下、他の昆虫などの体、などから採集する方法である。他にベイトトラップ、ライトトラップ、たたき網などを使えば昆虫などに便乗している種を探すことができるかもしれない。土壌性のカニムシは、みつけどり法では大変なのでシフティング法をお勧めする。大きめなメッシュの篩（ザルでよい）に土を載せて白い布の上で篩う。ツルグレン装置は便利な道具であるが、採集場所では電源がないなどの理由から、サンプルを自宅や研究室に持ち帰った場合のみ活用する。山奥や離島などでは移動式の簡易ツルグレン

図4-2　A：みつけどり法、B：シフティング法、C：シフター法

装置を作って太陽光でムシを落とすこともある。また、段ボール箱に穴をあけてザルを置き、紙製の漏斗をつけた簡便な方法もあるようだ。ツルグレン装置の写真と簡単な仕組みを**図4－3**に示した。

採集に適した森林は自分で探すしかない。外見は立派な森であってもまったく採れないところもある。反対に、まさかいないだろうと思っていたところからたくさん採れることもある。慣れてくると当たり外れは減ってくるが、習慣にとらわれないでほしい。ネズミやモグラの巣などとの出会いは偶然性が高いが、もし発見できたならばこれらをツルグレン装置にかけてみるのもおもしろいかもしれない。

樹上性カニムシの多くは、樹皮の剝がれやすい樹木に多い。また朽木などの樹皮下や腐った木材の間、切り株の中なども有力な候補だ。時には樹木に着生したコケから採集されることもある。ぐっと数は減るのだが、針葉樹やソテツなどの葉に溜まった落葉やゴミの間から採集される例もある。まれにではあるが樹皮上を歩いていることもあるという。シュロ、バナナ、アダンなどの葉柄の間などからも採集される。

海岸は海崖の岩の裂け目、石の下、流木の下、打ち上げられた海藻の中、などから採集されることが多い。また、干潮時に露出する干潟の石下などからも珍しい種が採集されることがある。砂浜に散乱したサンゴの間からも採集されるという。磯の岩場に付着したタマキビなどの間から採集されたという報告もある（モリカワ 一九六〇）。砂浜に広がる海浜性植物の土壌などはまだ手つかずなので、おもしろい種が見つかる可能性がある。海岸性カニムシは生息できる環境が限られていて分布が集中する傾向にあり、個体数もそれほど多くない。環境を荒らさないように配慮することが大切である。カニムシは種によって採集できる季節が偏るものもあるので、同じ地点でも時期をずらして探す。

捕獲したカニムシは、飼育行動観察などの目的が他にある場合を除けばすぐにアルコール標本にする

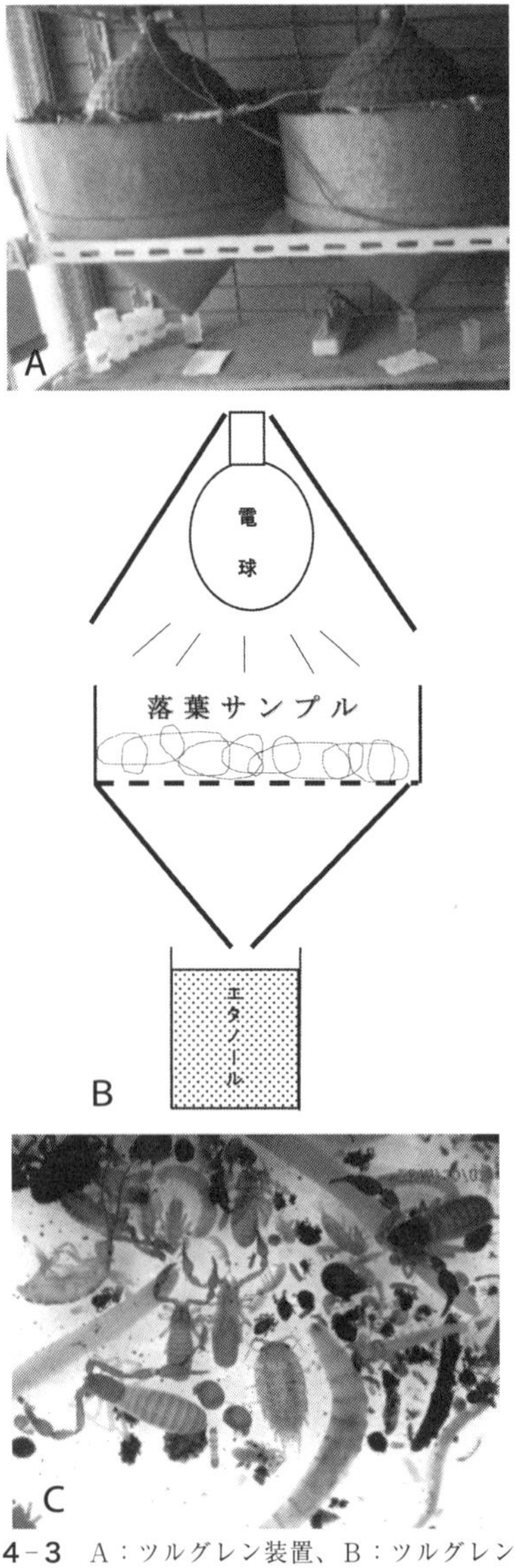

図4－3　A：ツルグレン装置、B：ツルグレン装置の仕組み、C：採集されたカニムシや土壌動物

ことをお勧めする。その際、採集場所・採集日時・採集者などのラベルを忘れないこと。アルコール標本にした小瓶は、大きめのアルコール瓶に入れておく（二重液浸）と破損や乾燥の心配が少なくなる。野帳にはできるだけ詳細なデータを書き込んでおく。カメラがあれば採集場所の環境がわかる写真を写しておくこと。採集したときの記憶をたどりやすくなるし、報告書を書く場合にも利用できる。

なお、採集場所の環境にできるだけ配慮し、樹木などを傷つけないように注意していただきたい。とくに樹皮や海岸の岩場などでは、一度剝ぎとってしまうと元に戻らないので、必要最低限に抑えるよう配慮すること。持ち主が明らかな場合は、事前に許可を得ておくこと。また、特別保護区などは管理区の許可を事前に得ること。採集の際は腕章などをつけて誤解を防ぐようにしよう。

カニムシの標本は番号や採集データを記入した紙を入れ、二重液浸にしておくこと。アルコールが蒸

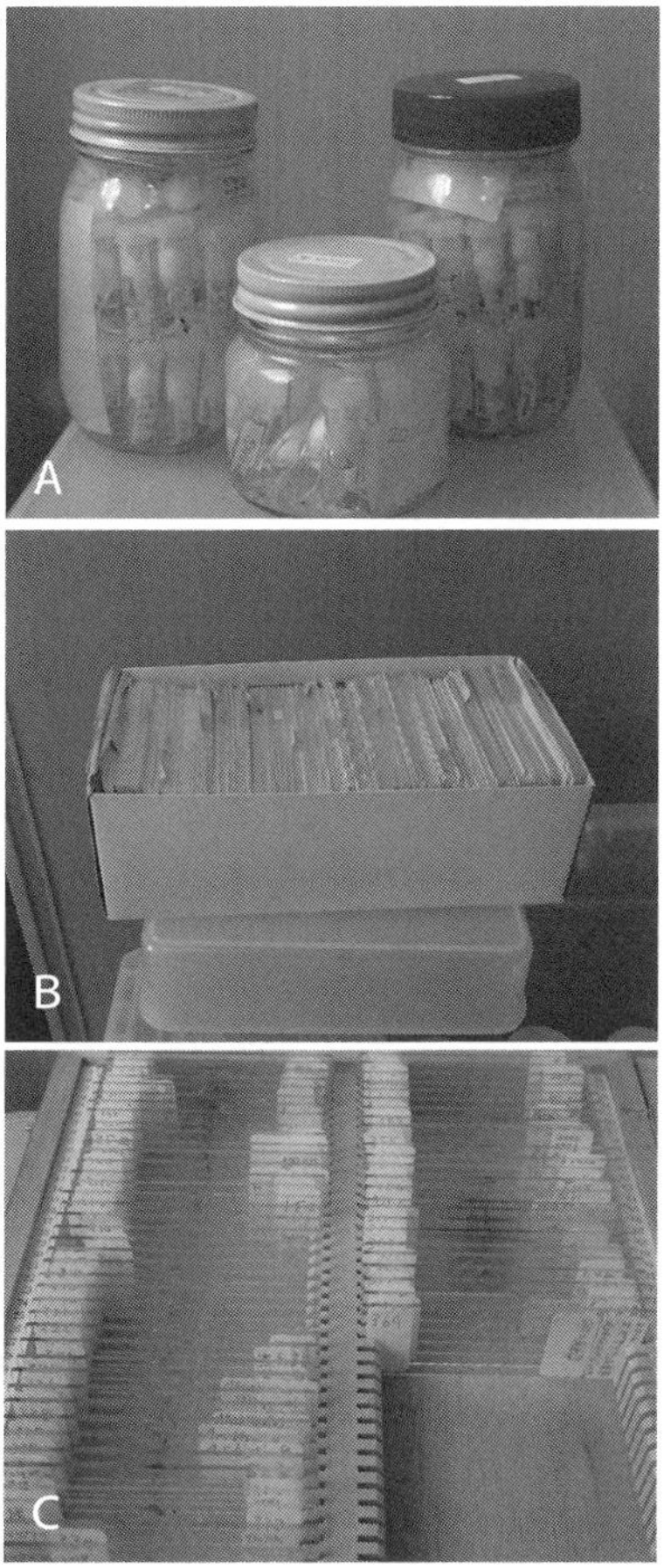

図4－4　A：カニムシの標本を保存する（アルコールに二重液浸で保存）、標本番号、ラベルを書いておくこと、B：採集と同定結果を記録したカードボックス、C：プレパラート標本

発してしまわないように時々確認し、必要に応じて補充すること。また、標本とは別に採集カードを作製しておくとよい。そこには、採集日、採集方法、場所、環境要因、気づきなどを記入しておくこと。また、同定が可能であれば、種名・雄雌や若虫そしてそれらの個体数など忘れずに記入すること。地名は行政改革などによって変更されることがあるので、できれば詳細な緯度経度を記載しておくと便利である。カードに加えてデータベースを作成しておくと検索に便利である。

プレパラートを作製する

プレパラートを作製する前に、アルコール標本や生きているカニムシをルーペや双眼実体顕微鏡などで直接観察してみよう。また、ツルグレン装置を使って採集した場合は、他の動物がおびただしく交じっているため、アルコール標本をシャーレなどの広い容器に移し、双眼実体顕微鏡を使って一個体ずつ取り出してから観察する。

顕微鏡で観察する場合、できるだけ良いプレパラート標本を作らなくてはならない。これは決定的に重要であって、美しい（見やすい）プレパラートができると組織などを詳細に観察できる。反対につぶれたり形がゆがんだりするとよく見えなくなる。

カニムシの標本を作るには、柄付き針、極細のピンセットなどを使って片側の触肢・鋏顎・歩脚などを本体から切り離す。これがなかなか技術を要するので、最初は大型の種で練習するとよいだろう。

スライドガラスにホイヤー氏液などの封入液をたらし、各部位を載せる。見やすい位置に針先で動かして形・位置・向きを整え、空気などや埃を取り除く。触肢などが太くて通常のスライドガラスでは収まらない場合、ホールスライドガラスを使ってつぶれないようにする。ホールスライドガラスでも収まらない場合は、プラスチック板などを挟んで厚みを増すようにするとよい。カバーガラスをかけて、一日ほど埃のかぶらない場所に放置すると透過が進み標本も安定してくる。数日たつと、位置がずれたりハサミなどが閉じて見えにくくなることも多いので時々調整する。安定した標本は、周囲をマニキュアなどでシールすれば完成である。最後に、データを書いたラベルを貼ってプレパラート作製は終了する。これを基に写真を写したり、図を描いたりする。

マッチやアルコールランプの炎で軽く温めると、早くプレパラートが完成する。ただし、体の柔らかい標本ではゆがんでしまうので注意を要する。また、若虫などは体表が非常に柔らかいため、ホイヤー氏液に入れただけで縮んで形が崩れてしまう。その場合は、水で薄めた濃度の異なるホイヤー氏液を何段階か用意し、順に漬けて変形しないように少しずつ液を浸透させてからプレパラートを作るとよい。

タイプ標本などは、作図が完了したらアルコールに戻しておくことが望ましい。そうしないと、標本が劣化して壊れやすくなる。

図を描く

ところで、種を完全に理解するには、大雑把な形や大きさを見るだけでは足りない。私自身もそうだが、動物や植物の図鑑を見るとき、たいてい絵合わせで種の同定を行う。しかし、本当はこれだけではだめで、より正確に表現し、数値化して把握する必要がある。具体的に体長や体幅、毛の数などをはじめとして既知種との相違点などを正確に把握しなければ新種記載も不可能である。

そのための方法として、顕微鏡で観察することをお勧めする。それも、丁寧に観察することが何よりも大切である。それゆえ私は学生たちに伝えるときには、見るではなく観るという漢字を使うことにしている。微細構造を把握するためには透過型の光学顕微鏡を使う。図を描くための描画装置を取り付けることが望ましい。また、光量やコントラストを調節できるほうが描きやすい。カメラが取り付けられれば便利である。

図を描く前に、それぞれの器官や組織の長さや幅などを測定しておくことをお勧めする。ミクロメーターを使って測定し、数値を記録しておくこと。一つの種で複数個体を観察して平均値や雄雌の違いがわかるようにする。もちろん、世界に一個体だけの貴重な標本などの場合はこの限りではない。

図の描き方も練習しなくてはならない。分類学者の中には、本当にほれぼれするほど美しく生き生きした図を描く人もけっこう多い。絵心のない私にとって、図の作製は苦痛であった。しかし、美的なセンスよりも、正確にわかりやすい図を描く方が重要である、と今では考えている。

最近は描画装置も改良されているから、ずいぶん楽に描けるようになった。またデジタル映像を駆使できるから、あらかじめ写真などを写しておけば大雑把な構図はつかめる。それでも、細かい部分はよく観察して描かなければならない。写真は全体像を見るには便利だが、微細な構造を把握するには適していない。立体的で焦点がぼやけたり、二つの構造が重なっていたときは、注意して描き分けなくてはいけない。

なお、本格的に新種を記載するとなると国際動物命名規約などにのっとって行わなければならない。ここでは複雑になるので詳細は述べない。参考書がいくつか出ているのでそれらを参考にしていただきたい。また独学では難しいので、詳しい方に指導を仰ぐのも賢明な方法である。

②私の新種記載

私がこれまで記載した新種は、決して多くない。最初に新種を発見したのは地元の山であった。同行したクモ研究家の新海栄一さんと一緒に樹皮下から中型のカニムシを採集した。これまで採集したトゲヤドリカニムシとは明らかに見た目が違っていた。そのときの、ぞくぞくした気持ちは今もよく覚えている。全部で八個体が見つかった。しかし、その場では詳細がわからなかった。帰宅して顕微鏡をのぞいて仰天した。オスの前脚の爪がノコギリ状になっているではないか。今まで見たこともない形態であった。過去の検索表を必死で探したが、どこにも見当たらない。もしかしたらこれは新種かもしれないと思うとうれしくなった。もちろん調べてみないとわからないが、世界で誰も発見したことがないかもしれない、という可能性にワクワクした。早速プレパラートを作って詳細な図を描いた。この作業は楽しかった。以前、普通種の解説を書くためにたくさんの図を描いていたことがとても役に立った。英文作成は本当に苦労したが、先生方のご指導を仰いでなんとか完成できた。名前はノコギリヤドリカニムシ *Dactylocherirer shinmkai* とした。こうして苦労の末に書いた記載論文原稿が受理されて、掲載されたときの感動は忘れられない。

実は同じ年にもう一種類の新種を得ていた。同じ職場の先輩、中島秀雄氏が小笠原で採集した小型のカニムシである。熱帯性の種でゴムの木の樹皮下から見つかったという。これも一生懸命図に描き、ケブカツチカニムシ *Ditha ogasawaraensis* と命名して学会誌に投稿した。今思えば恥ずかしいほど下手な図である。しかしこれも、私にとっては記念となる論文であった。

どうやって新種を見つけるのですか、と時々聞かれることがある。その答えは簡単。ただただ探すの

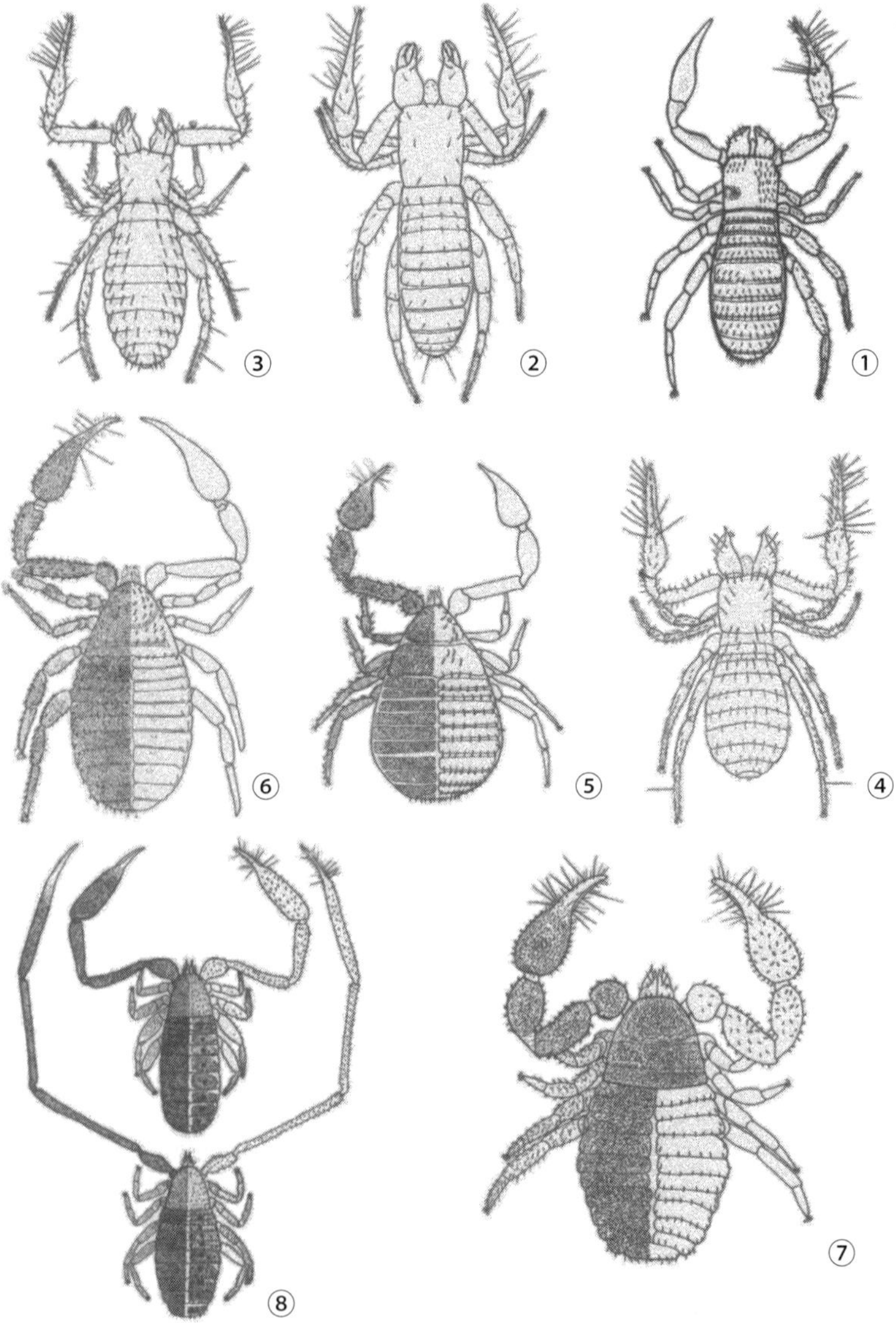

図4-5　①ケブカツチカニムシ、②オガサワラトゲツチカニムシ、③ホソテツチカニムシ、④キタツチカニムシ、⑤グンバイウデカニムシ、⑥ノコギリヤドリカニムシ、⑦ツヤカニムシ、⑧テナガカニムシ

です。どこにいるかって、そんなことはわからない。わからないからおもしろい。ほとんど偶然といっていい。パスツールの有名な言葉がある。幸運（セレンディピティー）は準備した人にだけ訪れる、といった内容だったと思う。

最初の新種記載が掲載されたころ、私は妻の実家へ旅行した。そのとき、妻の家族と行った霧島山麓で篩を取り出して採集してみた。すると小さなカニムシが見つかった。このとき義父が、アルコールをつけた小枝で手際よく採集した。このおもしろい採集法を記念して、実家の苗字を学名にさせてもらった。

私の田舎に帰ったときのこと。近所の神社に太い木立を見つけた。買い物帰りではあったが、なんとなく樹皮が剝がれかけている。まさかこんなところに、とは思ったが樹皮を剝いでみると今まで見たことがないカニムシが採集できた。二匹目のドジョウをねらって、市内のあちこちを歩き回ったところ、記載するに十分な個体数を確保することができた。関東地方でもこれまで樹皮をずいぶんめくってみたが、一度も発見したことがなかった。初めて目にしたときカニムシの体が妙に輝いてみえたので、和名をツヤカニムシとした。慣れてくると、輝きを失い普通の色に変わってしまった。どうやら私の思い入れが強すぎたようで、それほど艶っぽくなかった、というのは後の話。種小名は故郷の地名にちなんでつけた。調査が進むと、長野・新潟・秋田などにも生息することがわかり、分布もかなり広いことが判明した。さらに完全な樹上種だと考えていたが、静岡では落ち葉の中から、また愛媛では納屋のゴミの中から発見された（芝実氏による）。

おもしろい種が発見できるのは、採集に出かけたときだけとは限らない。千葉県のある公園へ行ったときのこと。木の樹皮をめくってみたらカニムシが見つかった。ああいつもの種だな、と気軽な気持ちで分布記録の一つに加えるために採集することにした。あいにく標本瓶がなかったので、小さなポリ袋に入れて持ち帰った。帰宅して顕微鏡をのぞいてみると、これまで記載されていない新種であることが判明した。外見上はよく見る種類と似ていたのだが、まったく違う特徴があった。この体験から、私はいつでもどこに行くときでも必ず標本瓶をポケットにしのばせることにしている。

もう一つ、ポケットに入れておくのは買い物用ビニール袋である。これを小さくたたんでいつも持ち歩く。落ち葉を採取するためである。高校教師のときは修学旅行などの出張があった。大学に移ってからは保育実習のための巡回が多かった。普段はまず採集に行かないような場所のことが多い。出張の合間にほんの数分だけ席を外して、たとえばホテルの裏山の落ち葉を一袋採取して自宅あてに送付する。あるいは出張先に出かけ、仕事を終えたら近くの神社や道端の林の落ち葉を持ち帰る。もちろん全国各地で毎年開かれる学会は採集の絶好のチャンスだ。採集用具も持参するし、落葉も持ち帰る。北海道大会のときにはホテルの裏山で落ち葉を採集した。クマ出没注意と書いてある看板を見てびくびくしながら、急いで採った落ち葉には未記載種が含まれていた。沖縄ではハブにびくびくしながら森に入り、リュウキュウマツの樹皮下から新種を見つけることができた。

車で採集旅行に出たときなどは、できるだけ今まで通ったことのない道を走ってみる。おもしろそうな場所があると、すぐに停めて探す。新種は見つからなかったとしても、新しい分布資料として活用できる。

第三者の目

もう一つ、大変にありがたい標本がある。それは、第三者から頂戴するものだ。一人で採集していると、どうしても自分の好みが出て探す場所が似てくる。そんなとき、分野の異なる方が「こんなのが採れたよ」と標本をくださることがあり本当にありがたい。

研究を始めて数年は、学会発表などを利用して、自分がカニムシの研究者であることを知っていただくようにした。しばらくしたら、いろいろな方から標本をいただくようになった。自由に使ってくださいというものから、ある地域の動物相をまとめるために同定を依頼されたりすることもある。多くは普通種だが、時々あっと驚く標本を頂戴する。とくに、まったく異なる研究分野の方から頂戴する標本には興味深い種が多い。

身近な人で旅行などに出かけるという話を聞けば、お土産がわりに近くの森で落ち葉を一袋採ってきてくださいとお願いする。これもなかなか有効で、思いがけない場所の落ち葉から思いがけない種が見つかることもある。

残念なことに、しばらく生態研究に没頭してしまったので、記載は長い間中断してしまった。加えて職場が変わったりしたこともあって、新種記載は滞っている。皆さんからお預かりしている標本が埋もれてしまわないように、これから順次発表していきたい。

あこがれのテナガカニムシ

カニムシは、クモなどと比べると色彩はきわめて地味である。巣などもそれほど個性的ではないし、生活様式も概して地味である。ある意味ではそれがカニムシのユニークさ、といえなくもない。その中でおもしろい習性は、便乗とか求愛ダンスあたりだろうか。これらの行動をとる種は、形態もユニークな場合が多い。

中でも、私が強い関心を持つ種があった。それはテナガカニムシという仲間である。ハサミがひどく発達したという意味の *Metagoniochernes* という属名だ。雌は他種とそれほど変わらないのだが、雄の触肢が異様に長く、体長の三倍近くある。ヴァショーン（一九三九）によってコンゴから初めて記載された。タビビトノキの葉柄の間から得られたという。その後、マダガスカル島から（ヴァショーン一九五一a、b）もう一種類が記載された。こんな長い触肢をどう使うのだろうか、そんなことを考えるとワクワクしてくる。日本でもこんな奇妙なカニムシが採集されたら愉快だろうな、と思っていた。この仲間の生息地はアフリカである。日本のような温帯にはいるはずもないと諦めていた。

一九九〇年のある日のこと。私の手元に標本が入った小包が送られてきた。開くと瓶の中に何やら長い脚のようなものを持った小動物がたくさん入っている。それに交じってカニムシも入っている。第一印象は「間違えて別の虫を入れたのかな？」であった。添えてあった手紙を読むと「カニムシ」と確かに書いてある。そこで、もう一度丁寧に見ると、なんと長い脚のように見えたものはハサミがついた触肢であった。改めて顕微鏡下で観察すると、それは日本では絶対に採れるはずがないと諦めていたテナガカニムシの仲間だったのである。アフリカからはるか隔たった太平洋上の孤島に生息していることに、私はひどく感動した。しかもアフリカ産とは違いが認められる。これは絶対に記載したい。当時の私は生態研究に没頭して記載はお預けになっていたのだが、頑張って記載することにした。和名はテナガカニムシ、学名は発見者の冨山清升氏にちなんで *tomiyamai* と決めた。

その後、テナガカニムシについては環境省の支援を得て一九九八年と二〇一九年に実態調査をすることができた。現在まで、小笠原諸島の兄島と弟島からのみ記録されている。不思議なことに父島や母島からはまだ発見されていない。他の小さな島々はまだ未調査である。

図4-6 テナガカニムシの雄と雌（中島秀雄氏撮影）

テナガカニムシは、環境省のレッドデータブックに絶滅の恐れのある種として唯一指定されている。残念なことに、個体数は減少しつつあるように思われる。形態がおもしろいことが理由であろうか、マニアによって乱獲された可能性がある。絶滅の危機が迫っているのではないかと心配している。また外来種のアノールトカゲなどの侵入が影響している可能性もある。本種が生息できる場所は限られており、その環境が保たれないと個体数を維持することができない。そっとしておいてほしいものである。

私の夢

カニムシの記載を考えたとき、大きく二つの方向があるのではないかと私は推測している。一つは、すでに知られている種類の再編成である。これまで同種内の変異に過ぎないと見られていたものが、よく観察すると数種類に分けられることがあるからだ。たとえば、ミツマタカギカニムシは現在一種が知られている。しかしながら、全国の標本が集まってくると、それらの間には微妙な違いが見られ、別種として記載しなおさなくてはならないかもしれない。その他にもツチカニムシやコケカニムシそしてカギカニムシの仲間も同様なのだ。おそらく、全国に幅広く分布を広げて多様な環境に適応していくうちに、これらの種は次第に変化を遂げたのではないかと推測している。カニムシの微妙な違いを基にヨーロッパの種を再編しなおしたユーゴスラビアのチュルチッチ（二〇〇四）は旧ユーゴスラビアのカニムシを細かく分類しなおし、三五種のツチカニムシ科、七一種のコケカニムシ科を記録している。この手法を取り入れれば、日本の土壌性種だけでも現在より多くなる可能性がある。

もう一つの方向は、まだ未調査の地域や生息場所から新しい種が発見されるのではないかと考えられる。日本地図を広げてみると、ほとんど無限といってよいほどの山地がある。また、亜熱帯から高山帯まで実に多様な植生帯が広がっている。さらに、国土を囲んで複雑な環境の海岸が広がっている。加えて、本土から離れた無数の島嶼《とうしょ》はまだ未調査である。洞窟もまだ一部が調査されただけである。また、私たちの身近なところにもひっそりと隠れている種もかなり存在すると考えている。これらはなかなか私たちの前に姿を現してくれない。

このように、まだ未解明の部分が多いカニムシは、若い研究者を待っているといえるかもしれない。もちろん、私自身も頑張って研究を続けていくつもりである。今手元にある標本だけでも、整理するのに十年以上はかかるのではないかと推測している。微力ながら、力の限り頑張ってみるつもりである。

③カニムシを飼ってみよう

先に触れたように、カニムシの生活史を解明するためには、ぜひとも飼育が必要である。しかしながら、これまでカニムシを卵から成虫まで完全飼育した例はほとんどない。そんな中で唯一、ストレーベル（一九三七）の文献をヴェイゴルト（一九六九）が紹介している。それによると、カニムシ科の一種を室内で飼育した結果、三〜四カ月で成虫に達したという。一方でイエカニムシは温度によって異なり、十カ月から二年を要したという。これらの種は家の中などで発見される種であるから、土壌性や海岸性とは一致しないと思われる。土壌性種などの多くは、部分的な飼育結果をつなぎ合わせるか、定量調査などによる個体数の推移から推測したものである。あるいは成虫を飼育したというものであり、生活史全体を完結させたものではない。私自身も残念ながら完全飼育には至っていない。したがって、ここで紹介する飼育に関する情報は、私の失敗談を交えた断片的なものであることをお断りしておく。それでも、初めて観察する人には参考になるかもしれない。

目的にもよるが、飼育するにはある程度の個体数を確保した方がよい。土壌性種ならば密度が高い場所を発見すれば、飼育に十分な数を集めることはそれほど難しくはない。樹上性や海岸性種は、一カ所から採りすぎると数が激減するので注意しよう。これまで知ることができた飼育のポイントについて述べていきたい。

飼育のための環境

カニムシの飼育はなかなか面倒である。バッタを飼育するとか、カブトムシを増やすよりもずっと難しい。それに加えて、生活史が長いため根気が必要である。土壌性のカニムシなどでは少なくとも一年から二年、樹上性のヤドリカニムシ類では数年は生き続けるであろう。加えて、環境変化に敏感なため、うっかりすると死んでしまう。それぞれの種に合った飼育条件がまだ明らかになっていないためだ。

暗所　すべてのカニムシは暗所を好む。光を当てると、慌てて隠れ場所を探して歩き回る。捕食や脱皮などの観察で、実体顕微鏡を使うときにライトを当てると、突然落ち着きを失う。そのため、やむを得ない場合を除いて暗所で観察することが望ましい。弱い光であれば興奮しない。私は顕微鏡観察用に明るさを調節できるライトを使用しているが、それでも動き出すときはライトの下をガーゼなどで覆って光量を調節している。

湿度　次に重要なことは、湿度である。とくに土壌性カニムシは、乾燥するとすぐに死んでしまう。仕事の都合で数日間放置した結果、干からびて死ぬという失敗を何度も経験した。かといって高湿度状態で密封すると、飼育容器に付着した水滴などにはまって死ぬことも多くなる。また、高い湿度条件ではカビなども大敵である。カビの菌糸にからまって死ぬこともある。土壌性カニムシは一〇〇%近い高湿度を好み、海岸性や樹上性の種はそれよりも幾分低い方がよいようである。ただし、乾燥しすぎるとよくない。これまでの経験では、おおよそ九〇%程度が適しているようである。まだ明確な答えは得られていないから、試してみるとよいだろう。実験設備の整った大学の研究室などでは自動調整ができる装置がそろえられるが、自宅などで飼育する場合は、工夫が必要だ。

温度　湿度と同じく重要なのが温度管理である。ではどれくらい暑くなると（あるいは寒くなると）カニムシは耐えられないのだろうか。それは種によって大いに異なるが、低温よりも高温に弱いものが多い。土壌性種の場合、飼育温度をいろいろと試してみたが二五℃を超えると死亡する割合が高くなるようだ。短時間ならば三〇℃くらいあっても多少の時間は耐えられるが、できれば避けた方がよい。我が書斎兼研究室は二階にあり、夏の炎天下では四〇℃を超えてしまう。そこで猛暑を回避するために、縁の下の涼しい場所に置くようにした。近年は安価で性能のよい恒温器が販売されており、購入して試してみたいと思っている。

まだ誰も実行していないが、真洞窟性種や満潮時に水に浸かるような場所に生息する海岸種などでは、温度変化にかなり敏感なようだ（おそらく湿度も）。もし飼育してみる場合は、温度調節できる設備が必要だろう。

これに対して樹上性や海岸性の種は比較的高温に対する耐性がある。三〇℃を超える温度条件下で生息していることも確認しているから、土壌性に比べてずっと適応幅は広いと推定される。はじめはできるだけ温度変化に強い種で飼育するのがよいかもしれない。

餌の確保　これはなかなか面倒な課題である。なにしろトビムシやショウジョウバエの幼虫など、生きた餌しか食べない。定期的に一定の量の餌を確保しなくてはならないし、カニムシの大きさに合わせた餌が必要だ。カブトツチカニムシなどの第一若虫は体長が一㎜にも満たないから、それにふさわしい微小な餌が必要だ。また、若虫は食欲旺盛だから、数日おきに与えなくてはいけない。冬はじっとしていることが多いが、夏は活動が盛んだから餌を与える頻度も高くなる。

大学などの研究機関ではトビムシやショウジョウバエなどを飼育して与えることが可能であろう。ただ、どんな餌を与えると栄養バランスがよいのか、などについてはまったくわかっていない。

共食い対策 土壌性カニムシは、十分に餌を与えても共食いが起こりやすく、次第に個体数が減ってしまう。とくに若虫は成虫に食べられてしまうことが多い。通常は一個体ずつ隔離して飼育し、繁殖期と思われる時期に雌雄を一緒にしてやれば共食いを減らせる。ただ、生きたままの状態では雌雄の差を見分けるのが難しい。生殖器を見て判断するにはプレパラートを作製しないとわからないからである。種によっては、ガラス容器に入れて裏側から雌雄の違いを確認することも可能である。ミツマタカギカニムシなどは逆さにしても判別できない。この場合は、一つの容器に数個体を入れて様子を観察するしかない。

種にもよるが、海岸性のイソカニムシや樹上性のトゲヤドリカニムシなどは比較的共食いは起こりにくい。しかし、絶食を続ければ共食いが起こる可能性があるので、できれば分けて飼育した方がよい。

飼育容器 これまで、ガラス容器、プラスチック容器、管瓶、写真用フィルム容器、豆シャーレなどで試してみた。単独で飼育するならば小さい容器でも十分である。細い管瓶は場所をとらないし観察も容易だが、写真撮影には向かない。精包などを観察するには複数個体を一緒にする必要があるが、この場合はある程度の広さを持つ容器が適している。私は豆シャーレとプラスチック容器を併用するように

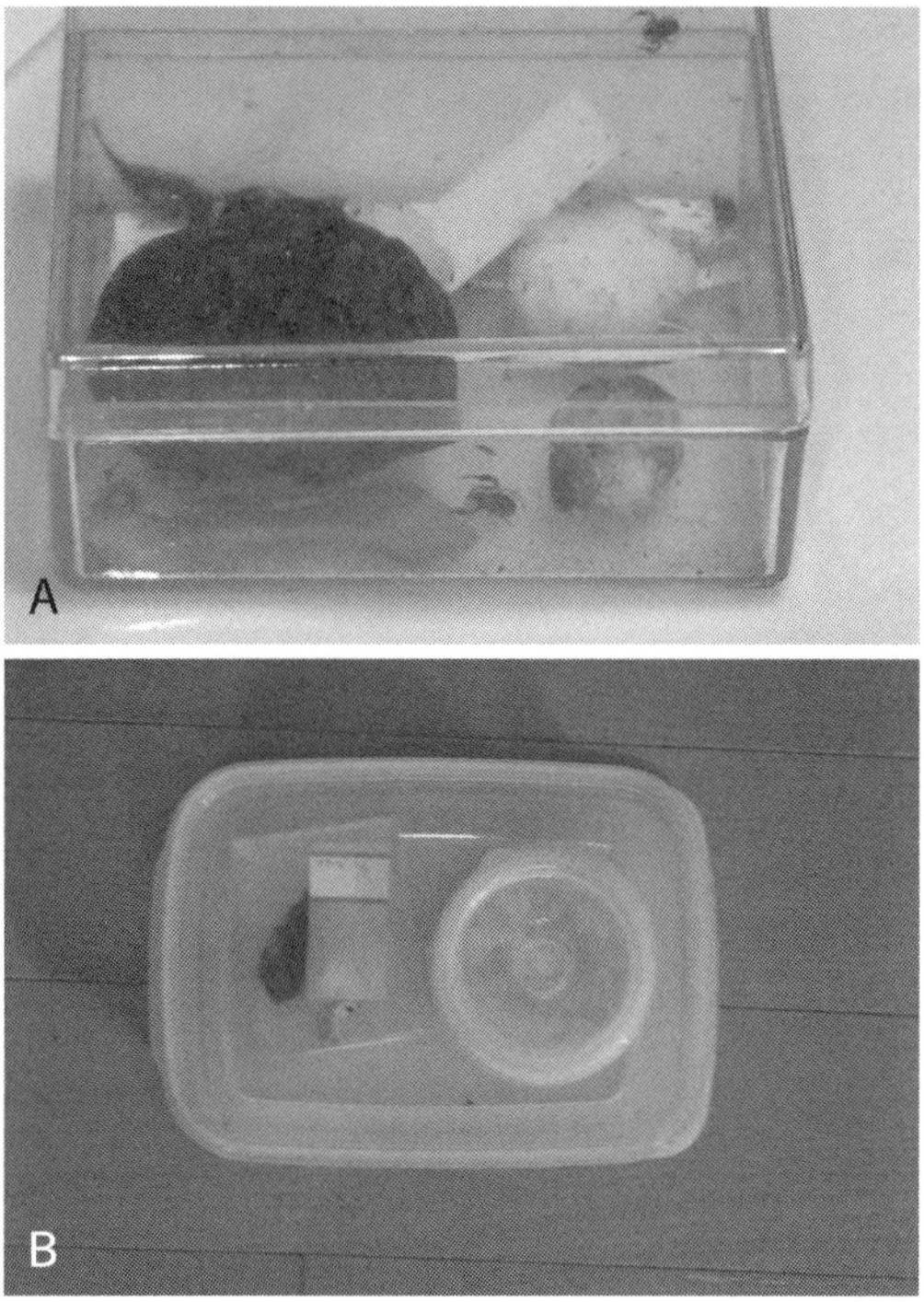

図4-7　A：カニムシ飼育用のプラスチック容器（落ち葉、水を含んだ脱脂綿などを入れた)、B：飼育容器をさらにタッパーに入れて湿度を保つ

している。

容器の下に砂・粉末のシリカゲルなどを入れて湿度調節ができるようにする。活性炭を交ぜた石膏などを敷く人もいる。また鉢植え用の人工的な土壌なども使える。隠れ場所として落葉片や紙片などを入れるとよい。湿度を保つための水は、脱脂綿などに含ませて入れると管理が容易である。長期間飼育しているとカビが生えたり、餌などの死骸が溜まってくるので、数日おきに容器を交換する必要がある。ただし、あまり頻繁に取り換えると、外気に触れる時間が長くなるので、夏などは注意が必要だ。ちょっと乱暴な方法だが、土壌性の種では大きなビニール袋などにカニムシのいる落ち葉を入れて冷暗所に保存しておく方法もある。この場合は、袋の上は密封しないこと。これで半月から一カ月程度は維持できる。ただし、大型の種は難しいかもしれない。

④観察してみよう

カニムシを飼育すれば、生活史の一端や習性などを観察することができる。種によってその生活が異なっていることがわかる。比較的湿度や温度の変化に強い種と弱い種とがある。試行錯誤しながら、それぞれの種に合った飼育条件を探すことも飼育の楽しみの一つである。これまでも述べてきたように、なにしろ卵から成虫になって繁殖するまでを完全に実現した例はほとんどないのだ。丁寧に観察を続ければ、これまで知られていなかった新事実も発見できるだろう。

捕食の観察

トビムシ・ショウジョウバエの幼虫、などさまざまな餌を試してみるとよいだろう。数日間絶食させたカニムシ容器にトビムシなどを入れてやると、空腹状態であれば盛んに捕食する姿が見られる。カニムシの獲物のところで述べたが、捕食は種によって行動が異なる部分もあるから、その違いをじっくりと観察するのもおもしろい。

餌は、大型の種ではショウジョウバエなどでも飼育可能であるが、体長一㎜程度のカブトツチカニムシやウデカニムシなどの仲間は、小さな餌を確保する必要がある。餌を飼育する場があればさまざまなステージのトビムシなどを飼育できるだろう。私はツルグレン装置を使って、落ちてくる餌を細かいメッシュの網で自動的に選別できるようにしている。それでも、若虫などはその大きさに見合った微小な餌を確保するのが難しい。これは今後の研究課題だと思っている。

脱皮

飼育していると、脱皮のために巣を作る様子が観察できる。ただし、強い光を当てたり、刺激を与えると死んでしまう。脱皮が完了するまで、通常は、半月ほどかかるようである。もちろん温度に大きく影響される。ツノカニムシの仲間のように冬に脱皮する可能性があるものもあるので、条件を変えて試してみてほしい。海岸性や樹上性カニムシの巣などを観察すると、脱皮殻を見つけることができる。これを顕微鏡下で見ると、頭胸部が割れて抜け出すようであるが、その詳細な観察記録は少ない。

精包伝達と便乗

ツチカニムシやコケカニムシなどの仲間は、普通に飼育しているだけで精包を立てる。大型の個体では精包も大きいから観察しやすくなる。体長が一㎜ちょっとのカニムシではそれよりもずっと小さいから、見逃さないように工夫しておくべきである。隠れ場所に白い紙などを使ってしまうと、精包が見えない。

できれば雄と雌を一緒にした方が、精包を立てる頻度が高くなるようだ。生きている個体の雌雄を区別するのはなかなか難しいので、数個体を同じ容器に入れて共食いに注意しながら毎日観察するとよい。私の体験では多くが夜に精包伝達が起こるようである。

土壌性や海岸性の種は繁殖期になると精包を観察することができる。繁殖期は、多くの種は春から夏である。枯れ葉や石の上、飼育容器の表面などに精包を立ててくれる。丁寧に外して、スライドガラスの上に載せ観察することもできる。

研究を進めていただきたいのは、カニムシの求愛ダンスである。これは、日本ではほとんど観察記録がない。弱い光のもとであれば、条件さえそろえば求愛ダンスをすると思われるが、その時期がいつなのか、日本のカニムシについてはよくわかっていない。

同様に繁殖前の便乗などについてもほとんど明らかにされていない。先にも触れたが、樹上性カニムシなどの多くは、分布を広げる手段として他の動物に便乗することが知られている。ウデカニムシやヤドリカニムシの仲間などはおそらくこの手段によって分布を拡大している。便乗の時期は繁殖時期を迎えたあたりが多いようだが、他の時期の可能性もあるのではないかと思う。たとえば、樹皮上を動き回るさまざまな節足動物やモグラなどの小動物、時にはタヌキやクマなどの体から採集されることもある。また、便乗にも一時的なものと長期間にわたるものとがあるようだ。

抱卵と哺育

詳細は不明だが、受精してしばらくすると雌は腹部から卵を産みだす。卵は通常は母体についたままで、母雌は栄養を卵に与え続け（哺育）次第に肥大化する。雌の体は大きく反り返り、卵が成熟してくると黄色味を帯びてくる。やがて卵殻から脱出して第一若虫となる。しばらくは母雌のそばでまどろんだ後、それぞれ自由生活者として拡散していく。

抱卵の変化を静かに観察するのは楽しい。営巣する際、多くの種は周囲の土片や周囲の屑などを補強やカモフラージュの材料として付着させることが多い。そのため、観察する際はあまり付着物を置かない方がよい。といってまったく支えがないと上手に作れなくなるので、紙や落ち葉などを重ねてやると、その間に営巣して抱卵する。

ウデカニムシの仲間は非常に狭い隙間で繁殖する。そのため、卵数も三〜五個程度で少ない。巣を開いてみると、時々卵だけが入っていることがある。卵が大きくなると雌は体から卵を外し、卵を残して外に出てしまうようだ。残された卵がそのまま成熟して第一若虫となると考えられる。

卵をホイヤー氏液などで透過して顕微鏡下で観察すると、発生の途中段階を観察することができる。詳細な形態を観察するには、あらかじめ固定してから透過するとよい。日本産カニムシ類の胚発生については牧岡（一九七七）によるイソカニムシの研究がある。他の種に関しては観察されていないので、今後の研究が期待される。

忍耐強く

以上、私が試みてきた飼育体験を基に簡単に解説してみた。カニムシは、基本的に孔隙にじっと潜んでいてあまり動かない。比較的生活史が短いと思われる種でも、足掛け二年を要する。種類によっては成体になるまで数年かかると考えられる。

カニムシは環境の変化に敏感で、温度や湿度などの条件が合わないとすぐに死んでしまう。そのせいだろうか、脱皮・精包伝達・抱卵・越夏や越冬などについての研究も進んでいるとはいいがたい。たとえば、私はこれまでトゲヤドリカニムシの卵が孵化する瞬間を観察したいと何度も試みているが、なかなかその場面に遭遇しない。精包を立てる瞬間の観察もまだ成功していない。営巣は幾度か観察しているが、まだごく一部の種に限られている。

つまり、カニムシの飼育は忍耐強く時間をかけて試行錯誤していかなくてはいけないのだ。しかし、まだわかっていないことも多く、興味が尽きることはない。これから研究を始めたいと考えている人たちの活躍に期待したい。

コラム7　プレパラート標本の作製と標本の保存

大雑把な形態を見るには双眼実体顕微鏡で足りるが、カニムシでは新種記載や形態の詳細な観察にはどうしても透過型顕微鏡で観察する必要がある。この他に、走査型電子顕微鏡による観察法などもあるが高価で大学の研究室などでないと買えない。

観察するためにはプレパラート標本を作製する必要がある。私の場合は次のような手順で行っている。

・標本の選定　標本は完全な形の個体を選ぶ。また何らかの原因で萎縮していたりゆがんでいるものを避ける。

・汚れを落とす　標本をホールスライドガラスの上に置き、エタノールを多めに垂らしておく。双眼実体顕微鏡で拡大し、柄付き針で体表面についたゴミや汚れを取り除く。汚れてきたらエタノールを交換しゴミなどがなくなるまできれいにする。

・ホイヤー氏液に入れる　封入は市販のホイヤー氏液を使う。あらかじめ用意した一㎖程度の小さな器に標本を入れ、柄付き針やピンセットで下に沈め一晩放置する。土壌性の若虫などでは水・薄いホイヤー氏液・濃いホイヤー氏液の順に浸して、脱水による萎縮や変形が起こらないようにする。

・体を分解する　全体が透過してきたら取り出し、ホイヤー氏液を垂らしたホールスライドガラス上に載せ針などを使って片側の鋏角・第一歩脚・第二歩脚・触肢八サミなどの付属肢を外す。

・封入　封入は全体と付属肢を分けて二枚作る。触肢八サミが太いものは封入するとつぶれるので間に細く切った紙などを咬ませるとよい。形や向きを整え、気泡を取り除き、上からカバーガラスを静かにかける。その後、数日間水平を保って埃がつかない容器に入れて放置する。樹上性カニムシなどではマッチやアルコールランプの炎で軽く温めると早く安定する。最後に、周囲をマニキュアでシールする。

・ラベル　標本には必ずラベルを貼ってデータを書き込むこと。標本に通し番号をつけたり、別にノートを作成して記録しておくと便利である。

・保存　タイプ標本などの貴重な標本は破損や劣化防止のため、描画や観察が終わったらエタノールの入った容器に戻した方がよい。そのまま保存する場合は、温度変化が激しい場所は避けること。また時々点検して乾燥によって気泡が入り込まないように注意すること。

なお、アルコール標本は小さな標本瓶と大きな瓶を用意し、二重液浸にすること。何十年もたって劣化して蓋が外れたりするので、脱脂綿で栓をしたうえで蓋をするとよい。大きな標本瓶は密封できる市販のガラス瓶で構わないが、金属製の蓋は腐食して穴があくことがあるので注意が必要だ。

コラム8　コンポストを用いた餌の確保

カニムシの餌は、トビムシやダニなどの小動物である。しかも、捕食性なので生きて動くものしか食べない。大きさに応じて餌の大きさも変えなくてはならないし、年間を通じて確保するのはなかなか大変である。

はじめのころは、森に出かけて落ち葉を採取していた。それを家に持ち帰って篩にかけ、トビムシを吸虫管で吸うのである。これはけっこう手間がかかって面倒である。ショウジョウバエの幼虫を与えるとよい、と聞いたので飼育してみた。しかし、容器から漂う匂いが強いのと、若虫には餌が大きすぎて失敗した。

次に試みたのは、森で採取してきた落葉をツルグレン装置にかけ、紙に小さな穴をあけてそこを通過する餌分け装置を作ってみた。これはうまい具合にトビムシを集めることができた。ところが、落ち葉を確保するのが結構大変だということに後に気づいた。日曜日などに大量に採取して物置で保管したが、乾燥する冬になるとトビムシが激減して効率が落ちてしまった。

たどり着いたのは、野菜などの生ゴミからプランターの肥料を作るコンポスト作製器具である。といっても、自動でかき混ぜたりする高度なものではなく、ただ生ゴミを放り込んでおくだけの単純なものだ。これを外に置き、野菜屑と一緒にツルグレン装置にかけた土を混ぜ込んでおく。あとは放置しておけば勝手にトビムシが繁殖してくれる。もちろん一緒にハエの幼虫やハサミムシなども増殖する。それは台所の水切り用の網をフィルターがわりにして排除した。トビムシ研究家の須磨靖彦先生に種の同定をお願いしたところ、ユミゲカギツメアヤトビムシ、シロアヤトビムシ、ヒメツチトビムシなどが中心であった（須磨 二〇一九）。このおかげで、数日おきにゴミをツルグレン装置にかけるだけで大量のトビムシを確保することができるようになった。トビムシは低温では激減するので、コンポストの腐葉土は物置に移して冬を越すようにしている。

トビムシ採集用具。A：台所の水切り用ネットをかぶせた小瓶と餌を飼育容器に移す漏斗、B：飼育容器の中でトビムシを捕食中のイソカニムシ

あとがき　カニムシを通して思うこと

役に立たない生物を楽しみたい、というひねくれた動機で始めたカニムシ研究であった。自然をありのままに観察して、そこから生じた疑問について深めていきたかったのだ。自分らしく自由に楽しみたかったのだと今では理解している。振り返れば、それはある意味では自然を「博物する」という素朴な学問に対するあこがれだったのではないかという気がしている。博物する、という表現は橋田邦彦著『科学する心』にヒントを得た。

博物という言葉は、今では博物館として残っている程度である。いつの間にか、自然誌（史）あるいはナチュラル・ヒストリーという言葉に置き換えられている。しかし私の心には、いまだに博物という言葉が魅力的に響いている。

その原点を振り返れば、子どものころに体験した生き物たちとの夢のような出会いに対するあこがれである。高校生になったあたりから、それが博物学の形をとるようになった。自然を詳細に観察してそこに神秘を感じる喜びである。もちろん実験などによる検証を行うけれども、なによりもまず自然の不思議を楽しみたかったのだ。

これまで学んできて感じる懸念が二つある。一つは、長年理科教師をしてきた体験からの心配である。中学生や高校生に生物を中心に教えていたのだが、その過程でとても気になることがあった。それは、生徒たちが身の回りの生き物に対してほとんど無知であり関心を持たない、という現実である。

学校近くの林を使って、森林の構造や遷移についての授業を行ったときのこと。説明を始めたところ、生徒の一人が「先生、低木と高木の違いがわかりません」と言うのである。高い木が高木で低い木が低木なことぐらい見ればわかるだろう、と多少ムッとしながら答えた。あとで冷静に分析してみると、どうやら生徒たちは森が単なる塊に見えてその中の多様性が識別できなかったらしいのだ。これは、私が人気歌手集団のメンバーを区別できないことと似ているかもしれない。

その後、転職して保育者養成の大学で教えることになった。そこでも、先ほどの高校生と同じ体験をした。最初の授業で「今日はどんな種類の植物を見てきましたか」と書かせたところ、緑とか草とか木という回答ばかりであった。中には植物なんかなかった、という学生すらいた。その後、多くの保育施設で若い保護者たちに草花遊びを通じて自然のすばらしさを伝える機会を持ったが、大学生たちと大差なかった。

もう一つの懸念は、カニムシそのものが生息する環境が激減しているということである。研究を始めた一九七〇年代は東京近郊でも豊かとはいえないまでも自然が残されていた。それがここ数十年で激変したのである。まず近隣から森や林が減少した。田んぼや畑も少なくなった。ヒバリが鳴き小魚が釣れる小川が気に入って今の場所に引っ越したのだが、その風景は見る影もない。農薬などの使用によって都市部に残るわずかな緑地からもカニムシたちは姿を消している。もちろん住居などの人が住む場所の環境も激変している。人の住環境は改善されているが、そこにカニムシが生息できそうな自然が入り込む余地はまずない。以前は、古い本棚や保存食品の間などにひっそりと息づいていたのに。

では、山地はどうだろうか。近年日本中で問題視されているように、シカやイノシシその他の野生動物が地面を著しく破壊している。本文でも紹介したが、地表面近くを厚く覆っていたササなどが食害に遭い、土壌も攪乱されて下層がむき出しになっているところも多い。そんな環境にカニムシが棲むことはできない。海岸も多くが護岸工事や開発などによって磯や砂浜が減少している。これからずっとカニムシたちの受難は続くのであろうか。心配である。

つい最近まで、カニムシなど誰も知らないから話しても聞いてもらえないだろうと思っていた。そんなとき、私が所属していた鶴見大学環境教育研究会という組織の中でカニムシの話をするようにといわれた。最初は断っていたのだが、なんとなく話す気になった。まあ反響はないだろうな、と覚悟を決めて学生たちが喜ぶ草花遊びとセットでカニムシの話を進めた。幾人かの先生方、そして短大生が聴衆の主体であったと記憶している。アンケート結果を見て驚いた。おもしろかったという感想が意外に多かったのである。その後、研究会メンバーのお一人、後藤仁敏先生が築地書館に私の話をしてくださり、カニムシについての本を書いてみてはどうかというお話を頂戴した。せっかくなので頑張ってみようと決心したが、またたく間に二年以上が過ぎてしまった。一般の方たちに読んでいただくことを念頭に研究していたわけではなかったので、写真や図などを用意していなかった。それでも少しずつ資料を集めて、ようやくまとめることができた。最後に、今後の展望について少し述べておきたい。

カニムシの研究は未知の部分がまだまだ多い。というか、始まったに過ぎないと考えている。私がこれまで調べたことなど、ほんの一部に過ぎない。たとえば、研究の基礎である分類すらまだ十分に解明されてはいない。おそらく日本には、一〇〇種を優に超えるカニムシが生息していると思われるが、その多くはまだ記載されていないのだ。ましてや、種ごとの分布や生活史などについてはほとんどが未知の領域なのである。さらに、興味深い行動の数々も、いまだ調べられていない。これまで述べてきたことの中には、修正しなくてはならない課題も多いに違いない。

さらには生理、生態、遺伝、ＤＮＡを使った系統解析、分布や生物地理、化石の研究など、どれをとってもまだまだ未開拓であるといってよい。本書を通じて若い人たちに関心を持っていただけたら幸いである。

本書を終わるにあたって、これまで多くの方々のお世話になった。まず故恩藤芳典先生は、私に研究のきっかけを与えてくださり多くのアドバイスをくださった。故森川国康先生はカニムシ研究の先駆者であり、研究開始当初からさまざまなアドバイスをくださった。両先生の心温まる励ましに心よりお礼申し上げる。ササラダニ研究で名高い青木淳一先生には、新種記載の英文を指導していただき、研究活動に関して種々の貴重なご意見を頂戴した。ミツバチ研究のころからお世話になっている松香光夫先生には、学位論文をまとめるにあたって多くのご指導をいただいた。職場では、フユシャクガ研究の専門家中島秀雄先生や多足類研究家の高野光男先生と共に、励まし合いながら採集や研究活動に携わり多くのことを学んだ。故坂寄廣先生は数少ないカニムシ研究の同志であったが、日本語の属名を決めようと計画している矢先に訃報に接し悔しいことに実現できなかった。その他、ここには掲載できなかったが、数多くの方々に貴重な標本を提供していただいた。本文や写真の中で可能な限りお名前を挙げさせていただくことで謝意を表したい。本書を書くことを勧めてくださった、築地書館の土井二郎社長にお礼申し上げる。

最後に、私の研究を最もよく理解し、協力を惜しまなかった妻に心から感謝したい。子育ても終わって、最近は二人で採集に出かけることも多くなった。これからもいっしょに採集活動を続けていきたい。

二〇二一年十月

佐藤英文

Vachon,M. (1951b) Les Pseudoscorpions de Madagascar. I. Remarques sur la famille des Chernetidae J. C. Chamberlin, 1931, a propos de la description d'une nouvelle espece:*Metagoniochernes milloti*. Memoires de l'Institut Scientifique de Madagascau 5:159-172.

Vincent, F. Lee. (1979) The maritime pseudoscorpions of Baja California México (Arachunida: Pseudoscorpionida). Occasional papers of the California Academy of Science.131:1-38.

Weygoldt, P. (1969) The Biology of Pseudoscorpions. Harverd University Press,1-145.

With, C. J. (1906) The Danish expedition to Siam 1899-1900. III. Chelonethi. An account of the Indian false-scorpions together with studies on the anatomy and classification of the order. Oversigt over det Konigelige Danske Videnskabernes Selskabs Forhandlinger (7) 3:1-214.

Poinar, Curcic and Cokendolpher (1998) Arthropod phoresy involving Pseudoscorpions in the past and present. Acta arachnol.,47 (2) :79-96.

Sakayori, H. (1989) Postembryonic development of a neotenic pseudoscorpion, Microbisium pygmaeum (Ellingsen, 1907), Acta Arachnol. 38 (2) :55-62.

Sakayori, H. (1999) A new species of the genus Allochthonius (Pseudoscorpion, Chthoniidae) from Mt. Tsukuba, central Japan, Edaphologia, 63:81-85.

Sakayori, H. (2001) Seasonal fluctuations of some soil pseudoscorpions at Shimotsuma-city, Central Japan. Bull. Ibid. 4:79-82.

Sakayori, H. (2002) Two new species of the family Chthoniidae from Kyushu, in Western Japan (Arachnida: Pseudoscorpionida), Ibid. 69:1-7.

Sakayori, H. (2003) External morphology of nymphal stages of Allochthonius tamurai Sakayori ,1999 (Pseudoscorpionida:Chthoniidae) Bull. Ibaraki Nat. Mus. 6:23-31.

Sakayori, H. (2009a) A new species of the genus Tyrannochthonius from the Izu Peninsula, central Honshu,Japan (Aranhnida:Pseudoscorpionida:Chthoniidae), Edaphologia,84:21-24.

Sakayori, H. (2009b) A new species of the Genus Mundochthonius from Ibaraki Prefecture, Central Japan (Arachnida: Pseudoscorpionida: Chthoniidae), Bull. Ibaraki Nat. Mus.12:1-4.

Sato H., Kusano T. (1973) Some notes on the mechanisum of proboscis extension in the cabbage butterfly, Pieris rapae crucivora Boisduval, Journal of the Faculty of Agriculture, Tottori Univ. IX:15-19.

Sato, H. (1981) A new species of the Ditha from Japan (Pseudoscorpionidea:Dithidae). Edaphologia, 24:11-14.

Sato, H. (1982) A new species of the genus Gactylochelifer (Pseudoscorpionidea: Cheliferidae) from Japan. Acta. Arachnol. 30 (2) :105-110.

Sato, H. (1983a) Hesperochernes shinjoensis, a new Pseudoscorpion (Chernetidae) from Japan. Bull. Biogeogr. Soc. Japan, 38 (4) :31-34.

Sato, H. (1983b) Tyrannochthonius (Lagynochthonius) nagaminei, a new Pseudoscorpion (Chthoniidae) from Mt. Kirishima, Japan. Edaphologia.

Sato, H. (1984), Population dynamics of the soil pseudoscorpions at Mt.Fuji. Edaphologia, 31:13-19.

Shear, W. A., Schawaller, W., Bonamo, P. M. (1989) Record of Palaeozoic pseudoscorpions. Nature, 341:527-529.

Simon, E. (1878) Description dum Genere Nouveau la Famille des Cheliferidae. Bull. Soc. Zoo. France, 3:66.

Strebel, O. (1937) Beobachtungen am einbeimischen Bücherskorpion Chelifer cancroides L. Beitr. Naturk. Forsch. SW Deutsche. 2:143-155.（Weygoldt P.,1969 を参照した）

Vachon,M. (1939) Remarques sur la sous-famille des Goniochernetinae Beier a propos de la description d' un nouveau genre et d'une nouvella espece de Pseudoscorpions (Arachnides) :*Metagoniochernes picarde*. Bulletin du Museum National d'Histoire Naturelle, Paris (2) 11:123-128.

Vachon,M. (1949) Ordre des Pseudoscorpions. Traite de Zoologie,6:437-481.

Vachon,M. (1951a) A propos d'une 'association' phoretique: Coleoptere—Acariens—Pseudoscorpions. Bulletin du Museum National d'Histoire Naturelle, Paris (2) 22:728-733.

Harvey, M. S. (2007) The smaller arachnid orders. Diversity, descriptions and distributions from Linnaeus to the present (1758 to 2007). Zootaxa1668:363-380.

Harvey, M. S. (2011) Pseudoscorpions of the World, version2.0. Western Australian Museum, Perth, http://www,museum.wa.gov.au/catalogues/pseudoscorpions

Hoff, C.(1959) The ecology and distribution of the pseudoscorpion of North-Central New Mexico. Univ. New Mexico Publications in Biol 8:1-68.

Kew, H. W. (1912) On the paring of pseudoscorpions, Proc. Zool. Soc. Lond.25:376-390.

Karsch, F. (1881) Diagnoses Arachnoidarum Japaniae. Berlin. Ent. Z.,25:37-40.

Kobari, H. (1983) A seasonal change of the age composition in a population of the pseudoscorpion, *Neobisium* (*Parobisium*) *pygmaeum* (Ellingsen), in a temperate deciduous foest. Acta. Arachnol.,XXXI (2) :65-71.

Kobari, H. (1984) Redescription of the male and redesignation of *Neobisium* (*Parobisium*) *pygmaeum* (Ellingsen) (Arachnida:Pseudoscorpionida). Acta arachnol. XXXII (2) :55-64.

Kusano T., Arai J., Sato, H. (1986) Experimental hyperphagia for several sugers in cabbage butterfly (Lepidoptera, Pieridae). Kontyu, 54 (3) :363-372.

Latreille, P. A. (1806) Genera Crustacearum et Insectorum Secundum Ordinem Naturalem in Familias Desposita, Iconibus Exemplisque Plurimis Eplicata,vo,1,Paris

Legg G.& Farr-Cox F. (2017) Illustrated key to the British False Scorpions1-12.（折りたたみ式の検索表）

Linnaeus, C. (1758) Systema Naturae per regna triaturae, secundum classes, ordines, genera, species cum characteribus, diffrentiis, synonymis, locis. Editio decima, reformata, Tomus I. Laurentii Salvii, Holmidae.

Morikawa, K. (1954) On some pseudoscorpions in Japanese lime-grottoes. Memoirs of the Ehime Univ. Sect.II (Science), B (Biol.), 2 (1) :79-87.

Morikawa, K. (1956) Cave pseudoscorpions of Japan (1). Ibid. 2 (3) :43-54.

Morikawa, K. (1957) Cave pseudoscorpions of Japan (II). Ibid. II (4) 41-49.

Morikawa, K. (1960) Systematic studies of Japanese pseudoscorpions. Ibid. IV (1) 85-172.

Morikawa, K. (1962) Ecological and some biological notes on Japanese pseudoscorpions. Ibid. IV (3) 53-71.

Muchmore (1990) Soil Biology Guide Arthropod phoresy involving Pseudoscorpions in the past and present. Acta arachnol. 47 (2) :79-96.

Ohira, H., Kaneko, S.,and Tsutsumi, T. (2016) Is abdominal tergal chaetotaxy reliable for sepsis diagnosis of Japanese soil-dwelling *Mundochtohonius* pseudoscorpions (Pseudoscorpiones: Chthoniidae) ?, Proc. Arthropod. Embryol. Soc. Jpn., 50 :11-13 .

Ohira, H., Kaneko, S.,and Tsutsumi, T. (2018) Unexpected spesies diversity within Japanese *Mundochthonius* pseudosorpions (Pseudoscorpiones: Chthoniidae) and the necessity for improved species diagnosis revealed by molecular and morphological examination. Invertibrate Systematics, 32:259-277.

Okabe, K., Makino, S., Shimada, T.,Furukawa, T., Iijima,H., and Watari, Y. (2018) Tick predation by the Pseudoscorpion *Megachernes ryugadensis* (Pseudoscorpiones:Chernetidae), associated with small mammals in Japan. J. Acarol. Soc. Jpn. 27 (1) :1-11.

山本哲也（2001）森林に生息する大型土壌動物とその環境選好性—主としてカニムシ目とワラジムシ目について—、広島大学大学院国際協力研究科博士論文、1-150.

Aguiar & Bührnheim (1998) Phoretic pseudoscorpions associated with flying insects in Brazilian Amazônia. Journal of Arachnology 26:452-459.

Beier, M. (1932a) Pseudoscorpionidea I, Subord. Chthoniinea et Neobisiinea. Das Tierreich 57:1-258, 271 figs.

Beier, M. (1932b) Pseudoscorpionidea II, Subord. Cheliferinea. Das Tierreich 58:1-294, 300 figs.

Beier,M. (1948) Phoresie und Phagophilie bei Pseudoscorpionen. Österreichische zoologisihe Zeitschrift, 1:441-497.

Beier,M. (1950) Zur Phanologie Einiger Neobisium-Arten (Pseudoscorp.). Eight Internat. Congr. Entom., Axel R. ElfstrosBoktryckeri A.-B, Stockholm :1-6.

Beron,P. (2002) On the high altitude pseudoscorpions (Arachnida:Pseudoscorpionida) in the old world. Historia naturalis bulgarica, 14:29-44.

Caron, D. M. (1978) Arachnid: Araneida and Pseudoscorpionida (Spiders and Pseudoscorpions). Edited by Morse, R. A. Honey bee pests, predators, and diseases. Cornell Univ. Press:186-196.

Chamberlin, J. C. (1931) The Arachnid Order Chelonethida. Stanford Univ., Publ. Univ., Ser. Biol. Sci. 7(1):1-284, 71figs.

Ćurčić, B. P. M. (1988) Segmental anomalies in some European Neobisiidae (Pseudoscorpiones, Arachnida) -Part I. Acta. Arachnol. 37 (2) :77-87.

Ćurčić, B. P. M. (2004) The Pseudoscorpions of Serbia, Montenegro and the Republic of Macedonia. Institute of Nature conservation of the Republic of Serbia.1-400.

Gabbutt,P.D.& Vachon M. (1963) The external morphology and life history of the pseudoscorpion *Chthonius ischnochelnes*. Proc. Zool. Soc. Lond. ,145:335-358.

Gabbutt,P.D.& Vachon M. (1965) The external morphology and life history of the pseudoscorpion *Neobisium muscorum*. Proc. Zool. Soc. Lond. ,145:335-358.

Gabbutt,P.D. (1967a) Quantitative sampling of the pseudoscorpion *Chthonius ishunocheles* from beech litter. J. Zool.,London,151:469-498.

Gabbutt,P.D. (1967b) The external morphology and life history of the pseudoscorpion *Roncus lubricus*. J. Zool., London,153:475-498.

Gabbutt,P.D. (1967c) The external morphology and life history of the pseudoscorpion *Microcreagris cambridgei*. J. Zool., London, 154:421-441.

Gabbutt,P.D. (1970) Sampling problems and the validity of life history analyses of pseudoscorpions. J. Nat. Hist., 4:1-15.

George,O Poinar, Jr.,Božidar P. M. Ćurčić and James C. Cokendolpher (1998) Arthropod phoresy involving pseudoscorpions in the past and present. Acta Arachnol. 47:79-96.

Harms, D., Dunlop, A. (2017) The fossil history of pseudoscorpions (Arachnida: Pseudoscorpiones). Fossil Record, 20, 215-238.

Harvey, M. S. (1992) The phylogeny and classification of the Pseudoscorpionida (Chelicerata: Arachnida). Invertebrate Systematics,6:1373-1435.

佐藤英文・坂寄廣（2015）青木淳一編著、日本産土壌動物　分類のための図解検索　第二版、クモガタ綱・カニムシ目、105-118、東海大学出版部.
佐藤英文（2015a）カニムシという名称の由来について、どろのむし通信63、14-18.
佐藤英文（2015b）日本人はいつからカニムシを認識していたか、どろのむし通信64、16-22.
佐藤英文（2016）カニムシ・ひっそりと生きるムシの魅力、ミドリ（かながわトラストみどり財団）102(秋)、12-14.
佐藤英文（2019）家庭用コンポスト内のトビムシ相とその利用Ｉ—カニムシ飼育用餌としての有用性—、どろのむし通信No.71、7-9.
澤井康佑（2021）英文法再入門、中公新書、1-273.
島野智之（2012）ダニ・マニア、チーズを作るダニから巨大ダニまで、1-231、八坂書房.
ジュディス・E・ウィンストン（馬渡峻輔・柁原宏訳）（2008）種を記載する—生物学者のための実際的な分類手順—、1-653、新井書院.
須摩靖彦（2019）家庭用コンポスト内のトビムシ相とその利用II—コンポスト内のトビムシ相—、どろのむし通信No.71、9-12.
高島春雄（1947）日本産カニムシ研究第1報、Acta Arachnol. 10(1/2):9-31.
田中芳男撰（1877）・片山淳吉解・服部雪齋画、巻五文部新刊小学懸図、博物教授書、多節類一覧、動物第四、錦森堂.
手塚治虫（1996）昆虫つれづれ草、1-241、小学館.
西川喜朗（1989）Ⅲ-4、多賀町の洞窟動物相、多賀町の石灰洞、多賀町、36-52.
日本動物研究学会編（1934）新集全動物図鑑、607、泰明堂.
日本土壌動物学会編（2007）土壌動物学への招待—採集からデータ解析まで、東海大学出版会、1-261.
布村昇・岡本直樹（2009）土壌動物学展アンケートに見る虫への意識について、富山市科学博物館研究報告、32、171-176.
橋田邦彦（1940）科学する心、教學叢書第九輯、教學局、1-50.
原田洋（1991）横浜市陸域の生物相・生態系調査報告書、横浜市公害対策局、1-455.
原田洋（1988）ササラダニ類の生態分布に関する研究Ｉ—本州中部地域を中心として—、横浜国立大学環境科学研究センター紀要15、119-166.
ヘッセ（1931）少年の日の思い出、岡田朝雄訳、草思社文庫2016、7-19.
前田利保（萬香亭）編（1838）砂挼子・蠨蛸圖説、東京大学総合図書館貴重書展ホームページより（http:/www.lib.u-tokyo.ac.jp/tenjikai/tenjikai2011/mushi.html）
牧岡俊樹（1977）イソカニムシにおける胚および幼生の哺育の様式ならびに哺育段階について、Acta Arachnol. 27、185-197.
モースE. S.（2013）（初版は1917年、1939年翻訳）日本その日その日、講談社学術文庫、253-254.
元村勲（1932）群集の統計的取扱に就いて、動物学雑誌44、379-383.
森川国康（1954）擬蠍類の環境と生態、Atypus 6、27-35.
森川国康（1962）擬蠍類、動物系統分類学7A、61-89、中山書店.
森川国康（1965）擬蠍目、新日本動物図鑑（中）、242-346、北隆館.
森下正明（1967）京都近郊における蝶の季節分布、森下正明・吉良竜夫編、自然-生態学的研究、中央公論社、95-132.
谷津直秀（1908）日本産カニムシ類、動物学雑誌20(238)、327.

1-5.
国立天文台編（1985）理科年表、気象部、丸善出版.
小作明則（1985）特別史跡・特別名勝小石川後楽園環境調査、土壌動物調査、東京都下水道局・株式会社後楽園スタヂアム、305-326.
小針廣（1984）筑波山における土壌性カニムシの年間消長、Edaphologia 30、1-9.
坂寄廣（1990）関東平野北部低地林における土壌性カニムシの生態分布について、Edaphologia43、31-40.
坂寄廣（2000）皇居の土壌性カニムシ、国立科学博物館専報35、123-126.
坂寄廣（2001）茨城県下妻市における土壌性カニムシ類の季節消長、茨城県自然博物館研究報告4、79-82.
坂寄廣（2014）皇居内に生息する土壌生活性カニムシ類の季節消長、国立科博専報50、65-70.
坂寄廣・佐藤英文（2015）カニムシ目、日本産土壌動物―分類のための図解検索（第二版）―、青木淳一編著、東海大学出版部、105-118.
佐藤英文（1978）トゲヤドリカニムシの生活史について、Acta. Arachnol. 28(1)、31-37.
佐藤英文（1980a）異なる湿度条件下におけるカニムシの生存日数、日本私学教育研究所調査資料72、57-63.
佐藤英文（1980b）日本のカニムシ―生活史を中心として―、遺伝34（1）、85-91.
佐藤英文（1985）日本産カニムシ類の生活史の分析・特に脱皮回数と哺育について、Atypus 85、75-77.
佐藤英文（1988）横浜における土壌性カニムシの年間消長. Edaphologia, 38、11-16.
佐藤英文（1992）日本産カニムシ類2種の背板の奇形、Atypus 100、27-31.
佐藤英文（1993）カニムシ目、日本産野生生物目録―本邦産野生動植物の種の現状、環境庁自然保護局野生生物課編、無脊椎動物編Ⅰ、自然環境研究センター、79-81.
佐藤英文（1999）横浜に残る緑地のカニムシ相、神奈川県私立中学高等学校協会研究論文集平成10年、38-40.
佐藤英文（2004）土壌性カニムシ類の生態分布に関する研究、玉川大学大学院博士課程学位論文、1-151.
佐藤英文（2010）ミツマタカギカニムシの垂直分布と季節消長について、鶴見大学紀要第4部47号人文・社会・自然科学編、5-13.
佐藤英文（2011a）北海道の山地における土壌性カニムシ類の垂直分布、鶴見大学紀要第4部48号人文・社会・自然科学編、15-21.
佐藤英文（2011b）明治神宮のカニムシ相. 鎮座百年記念第二次明治神宮境内総合調査報告書、454-457.
佐藤英文（2012）山形県における土壌性カニムシ類の季節消長、鶴見大学紀要第4部49号人文・社会・自然科学編、117-130.
佐藤英文（2013）明治神宮のカニムシ類、鎮座百年記念第二次明治神宮境内総合調査報告書、454-457.
佐藤英文（2014）環境省編、レッドデータブック2014、7その他無脊椎動物（クモ形類・甲殻類等）日本の絶滅のおそれのある野生生物、70、ぎょうせい.
佐藤英文（2014）子どもの頃に土壌動物を殺してしまった体験について―保育者をめざす学生のアンケート結果から―、鶴見大学紀要第51号第3部保育・歯科衛生編、11-17.

参考・引用文献

青木淳一（1968）ダニの話、1-199+5、北隆館.

青木淳一（1973）土壌動物学、1-814、北隆館.

青木淳一、原田洋（1982）東カリマンタン（ボルネオ）の土地利用による環境変化と土壌動物相、横浜国立大学環境科学研究センター紀要 8、341-378.

青木淳一（1983）自然の診断役　土ダニ、NHK ブックス、1-244.

青木淳一・小作明則（1983）旧芝離宮恩賜庭園環境調査報告（Ⅱ）、193-217.

青木淳一（1989）土壌動物を指標とした自然の豊かさの評価、都市化　工業化の動植物影響調査法マニュアル、127-143、千葉県.

アリストテレス全集 7、動物誌上（島崎三郎訳）（1968）115-174、岩波書店.

井上丹治（1963）ミツバチの世界、保育社、1-153.

巌佐庸・松本忠夫・菊沢喜八郎・日本生態学会編（2003）生態学事典、315-316、共立出版.

上野俊一（1971）富士溶岩洞の動物相、富士山［富士山総合学術調査報告書］、富士急行株式会社、752-759.

内田清之助編（1927）日本動物図鑑、1001、北隆館.

内田亨（1965）動物系統分類の基礎、北隆館.

江崎悌三（1922）甲蟲に寄生するアトビサリ、動物学雑誌 34、974-975.

江碕悌三（1930）多足類　蜘蛛類、岩波講座生物学（動物學）、岩波書店.

大平創・兼子伸吾・塘忠顕（2016）小型カニムシ類の付属肢を用いた迅速・安価な DNA 抽出法、Acta Arachnologica, 65（2）、89-95.

大平創（2018）日本産土壌性 *Mundochthonius* 属の分類学的研究（カニムシ目：ツチカニムシ科）、福島大学大学院共生システム理工学研究科学位論文、1-156.

岡西政典（2020）新種の発見―見つけ、名づけ、系統づける動物分類学―、1-256、中公新書.

小原桃洞（1833）桃洞遺筆、江戸科学古典叢書 1980、恒和出版、1-431、解説 1-17.

加藤与志輝・塘忠顕（2004）福島県飯野町におけるメクラツチカニムシ *Mundochthonius japonicas* Chamberlin（蜘蛛綱：カニムシ目）の生活史、Proc. Arthropod. Embryol.　Soc. Jpn.39、55-58.

岸田久吉（1915）カニムシに関する研究、サイエンス 5-9、362-369.

岸田久吉（1940）シノツカカニムシに就て、科学画報 29（6）、112-115.

気象庁（2017）ヒートアイランド監視報告 2017、1-66.

キャロル・キサク・ヨーン（三中信宏・野中香方子訳）（2013）自然を名づける―なぜ生物分類では直感と科学が衝突するのか―、1-101、NTT 出版.

吉良竜夫（1949）日本の森林帯、生態学からみた自然、河出文庫（1971）に収録.

熊田千佳慕（2010）熊田千佳慕の言葉―私は虫である―、1-176、求龍堂.

栗城源一・青木淳一（1982）仙台市における街路樹下の土壌小形節足動物群集―とくにササラダニ類について―、動物学雑誌 91（2）、165-177.

栗本丹洲（1811）丹州千蟲譜

畔田翠山（1848）熊野物産初志

甲守崇（1966）コイソカニムシ Nipponogarypus enoshimaensis Morikawa について、熊本生物研究誌 2、

【ら行】

【さ行】

【た行】

索引

著者紹介

佐藤英文（さとう　ひでぶみ）

1948年、山形県新庄市生まれ。

1971年、玉川大学農学部卒業。

1973年、鳥取大学農学部修士課程修了。

1973～2007年、私立鶴見女子中学・高等学校（現鶴見大学付属中学・高等学校）教諭。

2007～2014年、鶴見大学短期大学部保育科准教授。

2014～2019年、東京家政大学准教授・教授。

2020年、同短期大学部保育科特任教授。

カニムシ類の分類と生態の研究、草笛の歴史研究と普及活動、草花遊びの研究と普及活動、ミツバチを使った教育活動などを行っている。現在、環境省希少野生動植物種保存推進員。

著書

『心にしみる80話』（PHP研究所、1997年）、『草笛―野の楽器をたのしむ』（佐藤邦昭と共著、築地書館、1990年）、『動物あそび』（佐藤邦昭と共著、明治図書出版、1990年）、『植物あそび』（佐藤邦昭と共著、明治図書出版、1991年）、『日本産土壌動物検索図説』（共著、東海大学出版会、1991年）、『日本産野生生物目録』（共著、自然環境研究センター、1993年）、『保育内容「環境」』（共著、大学図書出版、2010年）、『保育者のための「生活」』（共著、大学図書出版、2015年）ほか。

カニムシ

森・海岸・本棚にひそむ未知の虫

2021年12月30日　初版発行

著者　佐藤英文

発行者　土井二郎

発行所　築地書館株式会社

〒104-0045 東京都中央区築地7-4-4-201

TEL.03-3542-3731　FAX.03-3541-5799

http://www.tsukiji-shokan.co.jp/

振替00110-5-19057

印刷・製本　中央精版印刷株式会社

装丁　秋山香代子

 ISBN978-4-8067-1628-0

●築地書館の本●